Ihr **Bonusmaterial** im Download-Bereich!

Zu Ihrem Buch **„SER Vegetationsbrandbekämpfung“** stellen wir Ihnen eine Muster-SER als Download zur Verfügung, die Sie mit Hilfe dieses Buches eine SER für Ihre Feuerwehr erstellen können.

Ihr Zusatzmaterial können Sie auf www.ecomed-storck.de/mein-konto herunterladen.

Wichtig: Sie müssen das Bonusmaterial dort zunächst **einmalig** mit Ihrem persönlichen Download-Code freischalten (siehe unten „So geht's“). Danach steht es Ihnen im Bereich **„Mein Konto“** bis zur nächsten Auflage des Buches zur Verfügung.

Ihr **persönlicher Download-Code** lautet: **vbb-ecs-39s**

So geht's:

1. Haben Sie bereits **Zugangsdaten** für die Website www.ecomed-storck.de?
   Wenn **nein**: Bitte weiter mit **Schritt 2**.
   Wenn **ja**: Bitte weiter mit **Schritt 3**.
2. Bitte legen Sie ein **Konto** an unter: www.ecomed-storck.de/konto-eroeffnen
3. Loggen Sie sich mit Ihren Zugangsdaten im Bereich **„Mein Konto“** ein: www.ecomed-storck.de/mein-konto
4. Klicken Sie bitte dort auf den Punkt **„Download-Code einlösen“**. Tragen Sie nun **Ihren persönlichen Download-Code** ein, bestätigen Sie die AGB und Datenschutzhinweise und klicken Sie auf **„Einlösen“**.
5. Unter **„Online-Produkte & Downloads“** steht Ihnen jetzt Ihr Bonusmaterial zur Verfügung.

AF833477

Ulrich Cimolino · Jan Südmersen · Nicolas Neumann

SER Vegetationsbrandbekämpfung

Richtiges Vorgehen bei Wald-, Flächen- und Moorbränden

3. Auflage

ecomed
SICHERHEIT

Bibliografische Information der deutschen Nationalbibliothek

Die deutsche Nationalbibliothek verzeichnet diese Publikation in der Deutschen Nationalbibliografie; detaillierte bibliografische Daten sind im Internet über <http://dnb.de> abrufbar.

Bei der Herstellung des Werkes haben wir uns zukunftsbewusst für umweltverträgliche und wiederverwertbare Materialien entschieden. Der Inhalt ist auf elementar chlorfreies Papier gedruckt.

ISBN: 978-3-609-68385-0

E-Mail: kundenservice@ecomed-storck.de
Telefon: 089/2183-7922
Telefax: 089/2183-7620

Titelbild: Viesinsh – fotolia.de

Bildnachweise: S. 13: Nils Davidovic, Düsseldorf; S. 19: FF Bad Reichenhall; S. 45: ©Fire; S. 84: Ceyka Fischamend S. 126: Victor Lazarev – fotolia.com;

Alle weiteren Bildquellen sind in den Bildunterschriften angegeben.

Druck: Westermann Druck Zwickau GmbH

Inhaltsverzeichnis

Vorwort

Mit der Reihe zu „Standard-Einsatz-Regeln"[1] (SER) haben es sich Herausgeber und Autoren vorgenommen, auch im deutschen Sprachraum zusammen mit den Buch-Reihen „Technik · Taktik · Einsatz" und „Einsatzpraxis" inhaltlich aufeinander abgestimmte Feuerwehr-Fachbücher inkl. dazu passender Ausbildungs-CDs zu veröffentlichen.

Aufgrund der unterschiedlichen Struktur und Ausrüstung der verschiedenen Feuerwehren ist es nicht möglich, allgemeingültige und für alle passende Standard-Einsatz-Regeln zu veröffentlichen.

Die Bücher der Reihe „Standard-Einsatz-Regeln" sollen daher nach einer relativ kurzen[2] einleitenden Erklärung zu den fachlichen Hintergründen des Themas einen Taktikbereich so allgemein beschreiben, dass er für alle Einheiten mit der dafür notwendigen Ausbildung und Ausrüstung auch anwendbar ist, dabei jedoch so detailliert sein, dass Verwechslungen bzw. Missverständnisse ausgeschlossen werden können.

Gerade weil es sich bei der Einsatzart „Vegetationsbrand" für viele Einsatzkräfte um keine alltägliche Lage handelt, ist eine besondere Beachtung dieses Themas notwendig: Die Gefährdung auch der Einsatzkräfte ist, wie uns die (Beinahe-) Unfälle und Verunglückten sowie die Verluste an Einsatzfahrzeugen im Zusammenhang mit Flächen- bzw. Waldbränden auch gerade in den letzten Jahren deutlich gezeigt haben, nicht zu unterschätzen. Deswegen gilt es, auch hier einen Blick über die Grenzen Deutschlands hinaus zu werfen und Erfahrungen und bewährte Grundsätze ebenfalls aus anderen Regionen mit aufzugreifen. Das wird in dieser Standard-Einsatz-Regel übersichtlich und knapp zusammengefasst.

Das Buch beschreibt in dieser Reihe seit 2008 die notwendige Ausrüstung sowie die verschiedenen strategischen und taktischen Modelle für einen effektiven und sicheren Einsatz. Nach über 10 Jahren liegt das Buch nun in einer erneut komplett überarbeiteten und aktualisierten Form vor, dabei flossen wichtige Ergebnisse

---

[1] Aus den amerikanischen Standard-Operations-Procedures (SOP) für die Buchreihe Einsatzpraxis und entsprechende Fachartikel „eingedeutscht". Vgl. zu den SER: Cimolino et.al. (2003).

[2] Es ist innerhalb der Reihe zu den SER unmöglich, alle Hintergrundinformationen ausführlich zu beschreiben. Hier sei auf die Buchreihen „Technik · Taktik · Einsatz" und „Einsatzpraxis" mit ausführlichen Erklärungen und Praxisbeispielen sowie auf die angegebene weiterführende Literatur verwiesen.

aus der Promotion von Ulrich Cimolino zum Thema bei Prof. Dr. Uli Barth z.B. zu Flammenlängen sowie die Erfahrungen aus dem Waldbrandjahr 2018 mit ein.

Aufbauend darauf können Sie die Hinweise benutzen, um anhand Ihrer örtlichen Gegebenheiten (Geographie, Bewuchs) und Ihren Möglichkeiten (Ausrüstung) passende detaillierte Standard-Einsatz-Regeln zu entwickeln, die sich konkret auch auf einzelne Details, z.B. Einsatz von TLF, Einsatz von Hubschraubern usw. erstrecken können.

Die Muster-SER in Kapitel 5 dient als Vorlage zum leichten Erstellen einer eigenen SER. Sie muss allerdings an die Gegebenheiten der eigenen Feuerwehr angepasst werden. Die Muster-SER kann als bearbeitbares Word-Dokument im Downloadbereich abgerufen werden.

Allgemeine Hinweise zur Buchreihe sowie weitergehende Informationen zu den verschiedenen Bänden der Reihe und zu den Autoren finden Sie auf unserer Homepage www.standardeinsatzregel.org.

Die Autoren respektieren die Leistung aller weiblichen Feuerwehrangehörigen. Frauen bereichern die Feuerwehren und ohne sie ist ein flächendeckendes Feuerwehrsystem auf weitgehend ehrenamtlicher Basis nicht zu erhalten. Im Sinne der Lesbarkeit haben wir auf die weibliche Form verzichtet, ohne damit den Eindruck erwecken zu wollen, dass „Feuerwehr“ Männersache seien. Als geschlechtsneutrale Abkürzung wird FA (für Feuerwehr-Angehörige) benutzt.

Wie für alle anderen Bücher dieser Reihe gilt auch hier, dass die Aktualität der Aufnahmen vor hoher Auflösung geht. Sie finden also Bilder, die nicht unbedingt höchsten fotografischen Ansprüchen genügen. Aufgrund der besonderen Aussagen der Aufnahmen, gerade aus Anfangsphasen von Einsätzen, legen wir aber auf die technische Qualität weniger Wert als auf die inhaltliche.

Wir bedanken uns für die Unterstützung bei den Vorarbeiten und der Erstellung ausdrücklich und herzlich bei:

Den anderen Mitgliedern des adhoc-AK Waldbrand von AGBF und DFV sowie

Prof. Dr. Uli Barth, Universität Wuppertal
Dr. Andreas Bräutigam, Leitender Branddirektor im IM NRW
Dr. Holger de Vries, Feuerwehr Hamburg und freier Sachverständiger
Andreas Gabriel, SBI Bad Reichenhall
Hanswerner Kögler, Feuerwehr Ottendorf
Andreas Weich-Arin, @fire Deutschland
Klaus Wendel, Feuerwehr Herrstein

Ausdrücklich dankend herausgehoben sei die Mitarbeit von Detlef Maushake an den ersten beiden Auflagen.

Für die Unterstützung bei der Bereitstellung der vielen erklärenden (Einsatz-) Bilder und Skizzen sowie wichtigen Hinweisen sei den Lieferanten der Bilder gedankt.

Düsseldorf, Osnabrück, Braunschweig und Hamburg, im März 2019
Ulrich Cimolino; Jan Südmersen; Nicolas Neumann

Die Autoren

Dr. Ulrich Cimolino
Seit 1981 FF Pfarrkirchen; von 1986 – 1991 Studium der Sicherheitstechnik an der Uni Wuppertal und FF Wuppertal-Hahnerberg; von 1991 – 1993 Brandreferendar der Stadt Düsseldorf; von 1993 – 1998 Abteilungsleiter Ausbildung, von 1997 – 2018 Abteilungsleiter Technik, seit 2018 Stabsstelle klimawandelbedingter KatS und Wissenschaft der Feuerwehr Düsseldorf. 2014 Promotion zum Dr.rer.sec. an der Uni Wuppertal. Mitglied im Adhoc-AK Waldbrand DFV/AGBF; Mitglied @fire

Jan Südmersen
Seit 1982 FF Bad Oeynhausen; von 1989 – 1995 Studium an der Uni Wuppertal und FF Wuppertal-Hahnerberg; von 1995 – 1997 Brandoberinspektoranwärter der Stadt Osnabrück; seit 1997 Sachgebietsleiter Ausbildung und Rettungsdienst der BF Osnabrück; Mitglied im Adhoc-AK Waldbrand DFV/AGBF und darüber im CTIF; Präsident und Gründungsmitglied @fire

Nicolas Neumann
Seit 1992 FF Hamburg; Studium BWL / Wirtschaftsrecht an der HWP, Hamburg; Studium des Masterstudienganges Katastrophenvorsorge und -management, Uni Bonn / BBK; Internat. Ausbildung im Bereich Waldbrand, Einsatzerfahrung bei Waldbrandeinsätzen (u.a. Griechenland, Portugal, Kroatien, USA); Gründungsmitglied @fire; Geschäftsführer Neumann und Partner

1 Einleitung

Der vorliegende Text kann entweder komplett als einsatznahe Ausbildungsanleitung genutzt werden, oder Sie können ihn bei Bedarf mit weiteren Teilen, z.B. Hubschraubereinsatz, Wasserförderung, Logistik als Vorlage für eine oder mehrere, auf Ihre Einsatzstärke und Ausrüstung zugeschnittene(n), Standard-Einsatz-Regel(n), benutzen.

Abb. 1: Notwendiges Ineinandergreifen von Technik und Taktik. (Grafik: de Vries)

Zum besseren Verständnis werden die Hintergründe ebenso erläutert, wie auch das Entstehen innerhalb des bestehenden taktischen und technischen Umfeldes dieser Empfehlung erklärt.

Das regionale taktische und technische Umfeld ist immer zu beachten, sonst ist der Einsatzerfolg von vornherein gefährdet!

1.1 Fachliche Hintergründe

Ein dichtes, noch nahezu flächendeckendes Netz mit in den Grundlagen ausgebildeten und technisch relativ gut ausgestatteten Feuerwehren hat in Deutschland im Zusammenwirken

- mit präventiven Maßnahmen,
- einer schnellen Entdeckung von Waldbränden und
- oft Glück mit der Wetterlage

seit 1975 mit wenigen Ausnahmen bewirkt, dass wirklich große, katastrophale Waldbrände sehr selten geblieben sind.

Als großflächige Ereignisse sind den meisten aufgrund der Berichte in den Medien die tagelangen Brände von

- Niedersachsen, 1975
- Sachsen, Weißwasser, 1992 und
- Bayern, Thumsee, 2007
- Niedersachsen, Moor bei Meppen, 2018
- Brandenburg, mehrere großflächigere Brände, z.B. Lieberoser Heide, Treuenbrietzen, Jüterbog, 2018

bekannt.

Weniger bekannt ist, dass es in mehreren Bundesländern fast jedes Jahr großflächige und tagelange Feuer gibt. Hier ist v.a. der Osten Deutschlands (und dort wiederum v.a. Brandenburg) betroffen. Jedoch gab und gibt es regelmäßig auch größere Wald- und Flächenbrände in z.B. Bayern, Niedersachsen, oder Nordrhein-Westfalen.

Abb. 2: Schwer beschädigte oder zerstörte Einsatzfahrzeuge kommen fast jährlich vor. (Foto: Glockzin, Gröningen)

Weniger bekannt ist auch, dass dabei fast regelmäßig Einsatzfahrzeuge beschädigt oder zerstört und Einsatzkräfte verletzt oder erheblich gefährdet werden.

Mit welchen Mitteln und Einsatzkräften vor und um 1975 Waldbrandbekämpfung – erfolgreich – durchgeführt wurde, kann man z.B. den hervorragenden Berichten von Liebeneiner (1981) entnehmen.

In einem Auszug aus dieser Quelle analysierte ein Zeitzeuge der Waldbrände von 1975: *„Der gesamte Einsatz, das möchte ich abschließend erklären, litt meines Erachtens unter einem starken Mangel an Erfahrung mit Großwaldbränden. Sowohl Führung als auch Mannschaft standen einer völlig neuen Situation gegenüber, der sie zumindest zu diesem Zeitpunkt in keiner Weise gewachsen waren. Daraus ging ein heilloses Durcheinander hervor, das keine erfolgreiche Brandbekämpfung zuließ."*

Es ist aufgrund der aktuellen Einsatzberichte zu hinterfragen, ob dies über 40 Jahre später wirklich grundlegend anders ist, da eine besondere Ausbildung in der Waldbrandbekämpfung nicht oder nicht mehr Bestandteil der Grund- und Führungsausbildung ist. Zwar kann und muss dies durch mehr „Masse“ ausgeglichen werden, aber dies ist eine trügerische Sicherheit.

Wie viel „Masse“ heute aufgeboten wird, ist z.B. diesen Berichten zu entnehmen:

„Waldbrand erfordert Einsatz von 32 Feuerwehren

Ein Wald- und Wiesenbrand erforderte am Dienstagvormittag den Einsatz von 30 Feuerwehren aus dem Landkreis XX. Gegen 11 Uhr war bei Mäharbeiten auf einer Wiese durch Funkenschlag das trockene Gras in Brand geraten. Trotz sofortiger Löscharbeiten des Landwirtes breitete sich das Feuer rasend schnell aus. Per Handy informierte er die Leitstelle in XX, die sofort Alarm für die Feuerwehren A, B und C auslöste. Eine riesige Rauchentwicklung zeigte den Einsatzkräften den Weg zum Brandort. Durch die Leitstelle wurden die Feuerwehren D und E nachalarmiert.

Eine erste Lageerkundung durch den Kommandant der Feuerwehr B ergab, dass die Flammen mittlerweile den Wald erreicht hatten. Insgesamt stand eine Fläche von ca. 7,5 ha in Brand, bedroht wurde ein Waldbestand von ca. 22 ha. Riesige Flammen fraßen sich an den Bäumen hoch. Sofort wurde durch die Leitstelle Vollalarm für die restlichen Feuerwehren der Samtgemeinde X gegeben. Zusätzlich wurden die Feuerwehren F, G, H, I, J, K und L nachalarmiert. Aufgrund der tief im Waldboden sitzenden Glutnester entschied die Einsatzleitung, die Feuerwehren M, N, O, P, Q, R, S, T, U, V und W zusätzlich zu alarmieren. Aus der Luft wurden die Kräfte durch einen Luftbeobachter unterstützt. Eine große Hilfe waren die Landwirte der Umgebung, die mit ihren großen Güllewagen zusätzliches Wasser an die Einsatzstelle schafften.

Bei glühender Hitze wurden die Löscharbeiten unter Atemschutz durchgeführt. 2 Feuerwehrleute erlitten dabei einen Kreislaufkollaps und mussten mit RTW ins Krankenhaus gebracht werden. Um 16 Uhr wurde für die Samtgemeinde ABC nochmals Vollalarm gegeben, um die teilweise sehr erschöpften Einsatzkräfte durch frisches Personal auszutauschen.

Gegen 19.30 konnte Einsatzleiter NN an der Einsatzleitstelle „Feuer aus“ melden. Außer einer Brandwache der Feuerwehren A und B konnten die anderen Wehren müde, aber erfolgreich den Einsatzort verlassen.

Eingesetzte Kräfte:

- *441 FA*
- *13 LF*

- *13 TSF*
- *14 TLF*
- *14 MTW*
- *4 Sonderfahrzeuge*
- *Führungsfahrzeuge:1 ELW 1 (!)“*

Quelle: Im Sommer 2007 im Internet veröffentlichter Einsatzbericht

Oder aus dem Jahr 2018, wo eine westdeutsche Feuerwehr mehreren Medienberichten zufolge, einen – nach Einsatzende mit ca. 40 x 50 m beschriebenen – Waldbrand in nicht befahrbarem und bergigem Gelände über mehrere Stunden mit ca. 60 Einsatzkräften und sogar einem Hubschrauber der Bundespolizei bekämpft hat.

Dieser Kräfteansatz stellt an sich noch kein Problem dar, doch jede Führungskraft sollte sich folgende Fragen stellen:

- Wo setze ich Einsatzschwerpunkte im Erstangriff?
- Wie setze ich das vorhandene – und mindestens anfangs immer sehr knappe – (Tank-)Löschwasser möglichst effektiv ein?
- Welche PSA müssen die Einsatzkräfte tragen – welche soll NICHT oder nicht lange getragen werden?
- Welche Führungsmittel benötige ich?
- Welche *geeigneten* Ressourcen stehen mir zur Verfügung?
- Welche und wie viel Logistik wird wann und wo benötigt?

Mit der weitergehenden Veröffentlichung zum Thema Vegetationsbrandbekämpfung in der Reihe Einsatzpraxis, Cimolino (2015), stehen Ihnen ausführliche Erklärungen und Hintergründe zu den Themen zur Verfügung.

1.2 Strategisches Vorgehen im Waldbrand

Abb. 3: Grundsätzlich steht bei Vegetationsbränden der Schutz und die Sicherheit von Menschen im Vordergrund; das sind insbesondere auch die Einsatzkräfte! (Foto: Holger Arndt, Bonn)

Da es sich bei der Bekämpfung von Vegetationsbränden meist um einen Einsatz zum Schutz von Sachwerten handelt, ist der Sicherheit der Einsatzkräfte die höchste Priorität bei der Einsatzplanung einzuräumen. Daher muss bei allen Maßnahmen die Gefährdung der Einsatzkräfte so gering wie möglich gehalten werden. Wohngebäude, die in der Ausbreitungsrichtung des Brandes liegen, müssen ggf. frühzeitig evakuiert werden.

1. Priorität: Schutz menschlichen Lebens (inkl. Einsatzkräfte)

An zweiter Stelle sind Nutztiere (soweit möglich bzw. sinnvoll: Wildtiere) zu schützen.

2. Priorität: Schutz von Tieren.

Danach beginnt der Sachwertschutz, insbesondere von Strukturen wie Gebäuden oder anderer technischer Einrichtungen (z.B. Anlagen der EVU[1] oder Telekommunikationsanbieter).

3. Priorität: Schutz von Strukturen.

Letztendlich muss es auch Ziel des Einsatzes sein, die Ausbreitung des Brandes von einer eher langsam brennenden Vegetation (Laub- oder Mischwald) in eine schnell brennende oder vollbrandgefährdete Vegetation (junge Nadelholzbestände, erntereife Getreidefelder) zu verhindern bzw. Rückzündungen zu vermeiden.

Natürlich gehört dazu auch der Schutz von Gebäuden sowie Verkehrswegen oder Einrichtungen der Infrastruktur (wie Strom- oder Gasleitungen).

4. Priorität: Schutz leicht(er) entzündlicher bzw. vollbrandgefährdeter Vegetation.

Häufig sind die Prioritäten 1 – 3 aber sehr eng mit Priorität 4 verknüpft, weil sonst je nach Windrichtung, Bewuchs und Geländeformen die Lage sehr schnell eskalieren kann.

Löschwasser ist bei der Bekämpfung von Wald- und Flächenbränden fast immer knapp. Es muss daher genau überlegt werden, wie das vorhandene Wasser am effektivsten eingesetzt wird. Ein Löschangriff mit nur einem TLF auf eine größere

[1] EVU = Energie-Versorgungs-Unternehmen

in Vollbrand stehende Kiefernschonung ist von vornherein zum Scheitern verurteilt. Hier sollte man die Vegetation in der Hauptausbreitungsrichtung erkunden, um den Feuersaum z.B. in einem Mischwald abzufangen.

Sofern die Ausdehnung des Feuers die Möglichkeiten der zuerst eintreffenden Kräfte deutlich übersteigt, liegt die erste Priorität in der schnellstmöglichen Eingrenzung des Brandes an einer geeigneten Stelle. Die Eingrenzung des Brandes sollte mit der Bekämpfung der Feuerfront beginnen, sofern dies wegen der Brandintensität ohne Eigengefährdung möglich ist.

Am effektivsten ist die Kombination verschiedener Einsatzmittel: Löschwasserabwürfe, Löschfahrzeuge und Löschmannschaften. Mit Löschwasserabwürfen werden Vollbrände gebrochen, mit Löschfahrzeugen die Flanken und die weniger brandintensiven Teile der Front abgelöscht und mit Löschmannschaften das Umfeld und der Einsatzerfolg durch Nachlöscharbeiten gesichert.

2 Einsatzszenario

2.1 Einsatzgrundsätze

Vegetationsbrände bestehen aus einem hauptsächlich vom Wind getriebenen Feuersaum und Flanken; vgl. Abb. 4a.

Es wird grundsätzlich zwischen Boden- und Vollfeuer unterschieden. Dabei hängt die Art des Brandes von der Vegetation, dem Gelände und den Windverhältnissen ab.

Beim Bodenfeuer kann es bei längerer Brandeinwirkung dazu kommen, dass sich je nach Bodenbeschaffenheit (z.B. dickere Humusschichten, Torf) das Feuer auch in den Boden frisst – und sich danach auch unter der Oberfläche ausbreiten kann.

Abb. 4a: Bezeichnungen (Foto: LFV Niedersachsen; Bearbeitung: Südmersen)

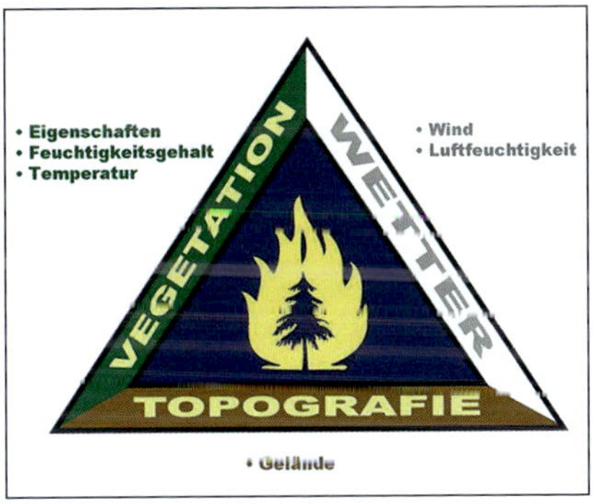

Abb. 4b: Waldbranddreieck (Grafik: Südmersen)

2.1.1 Einfluss der Vegetation

Pflanzen mit einem niedrigen Wassergehalt und einer großen Oberfläche (Nadelholzschonungen, reife Getreidefelder) brennen sehr schnell ab. Brände in diesen Vegetationsarten breiten sich äußerst rasant aus.

Im Rahmen der Einsatzplanung sollte beachtet werden, dass die Brandausbreitung in Bereiche mit dieser Vegetation vermieden wird. Im Einsatzfall sind diese Bereiche vorzugsweise abzuriegeln, da ein wirksamer Löschangriff große Mengen an Wasser erfordern wird.

Abb. 5: Brand eines Getreidefeldes. Aufgrund der Flammenlängen und der trockenen Vegetation ist ein frontaler Angriff äußerst gefährlich. (Foto: Bartsch, Oschatz)

Pflanzen mit einem hohen Wassergehalt und einer vergleichsweise geringen Oberfläche sind weniger brandgefährdet (Laubwälder, „grüne" Wiesen, sonstige „saftige" Pflanzen). Hier kann in Ermangelung anderer Möglichkeiten z.B. eine Auffanglinie gebildet werden, da sich hier eine Feuerfront mit relativ geringem Aufwand (Löschmannschaften) aufhalten lässt.

2.1.2 Einfluss des Geländes

Obwohl die Gebiete mit hoher Waldbrandgefährdung in Deutschland eher Ebenen sind (Lüneburger Heide, Brandenburg), stellen Brände in hügeliger oder bergiger Umgebung eine besondere Gefahr da. Neben der möglichen Absturzgefahr ist das Brandverhalten an Hängen und in Taleinschnitten besonders zu bewerten.

Da sich ein Brand hangauf- bzw. bergwärts besonders schnell ausbreitet und ggf. noch von Aufwinden getragen wird, ist ein Löschangriff oder das Legen von Schneisen oberhalb von Feuersäumen äußerst kritisch. – Zu häufig wird die Brandausbreitungsgeschwindigkeit und die Gefährlichkeit von relativ harmlos erscheinenden Bodenfeuern immer noch deutlich unterschätzt, obwohl u.a. dies in Kroatien auf der Insel Kornat 2007 letztlich 12 Feuerwehrangehörigen das Leben gekostet hat!

Zudem sind brennende Teile, die den Hang hinabrollen und bisher unverbrannte Vegetation unterhalb der bereits brennenden Fläche in Brand setzen, eine zusätzliche Ausbreitungsgefahr.

Unterschätzen Sie daher niemals die mögliche Brandausbreitung bergwärts, aber auch talwärts!

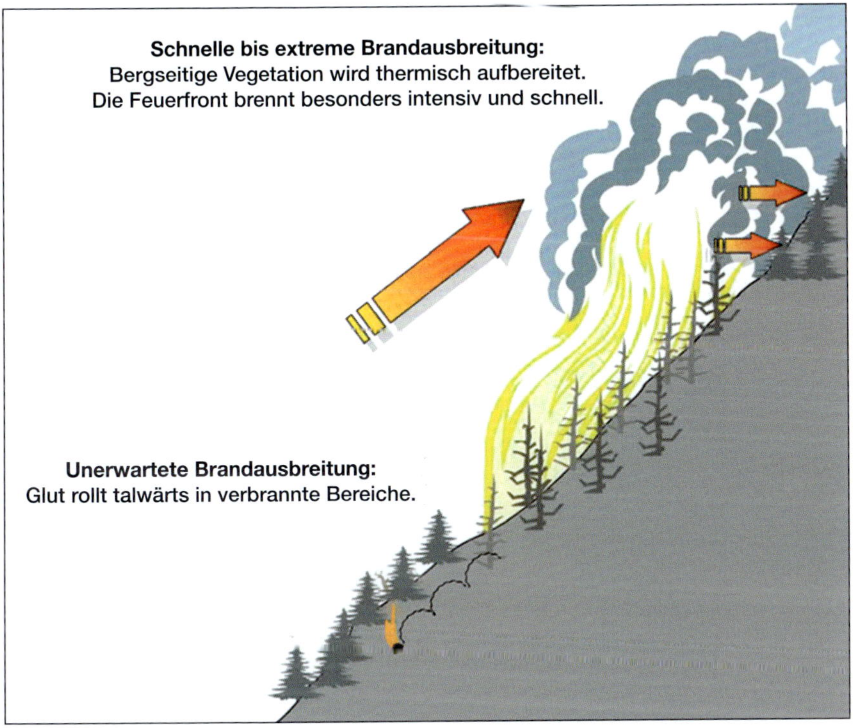

Abb. 6: Besondere Gefahren bei Waldbränden an Hängen (Grafik: Südmersen)

2.1.3 Einfluss der Windverhältnisse

Der Hauptfaktor für die Schnelligkeit eines Feuersaumes ist die Windstärke. Zudem verlängert der Wind die Flammen, so dass ein manueller Löschangriff auf eine Feuerfront ab einer gewissen Windstärke nicht mehr möglich ist.

Als Faustformel lässt sich aus der Flammenlänge folgendes taktisches Vorgehen ableiten:

Tab. 1: Flammenlängen

Flammenlänge	Einsatztaktik und Hinweise
hüfthoch bis 1 – 1,5 m *vgl. Abb. 7*	Handwerkzeuge (Sandwurf, Feuerpatsche)
mannshoch bis ca. 2 m *vgl. Abb. 8* ab ca. 2 m	frontaler Angriff mit D- und C-Rohr möglich frontaler Angriff alleine mit D- oder C-Rohr zu gefährlich, ggf. Brechen der Front mit Werfereinsatz möglich
fahrzeughoch über 3 m *vgl. Abb. 9*	Vollbrand mit Wipfelfeuer möglich Bildung von Brandinseln möglich – Raum vor der Feuerfront überwachen defensives Vorgehen erwägen

Abb. 7: Brandbekämpfung durch Handgerät. Überbekleidung zur Brandbekämpfung im Innenangriff ist bei derartigen Tätigkeiten höchstens als Witterungsschutz (gegen Kälte) notwendig. (Foto: Jann, Geesthacht)

Abb. 8: Hier muss das Handgerät durch Strahlrohre ergänzt werden, auch die PSA ist nicht optimal. (Foto: Nord-West-Media, Osnabrück)

Abb. 9: Hier ist der Einsatz von Strahlrohren zwingend erforderlich. Der Einsatz eines Werfers ist jedoch aufgrund des hohen Löschwasserdurchsatzes fraglich. Das TLF ist richtig in Fluchtrichtung abgestellt! (Foto: Feuerwehr Pumbal/Portugal)

Zur Bestimmung und Voraussage der Windverhältnisse sollte bei größeren Waldbränden unbedingt ein Meteorologe in die Einsatzleitung einbezogen werden.

2.2 Waldbrandformen

Ein Waldbrand ist in Deutschland in den seltensten Fällen ein flammendes Inferno, also nicht die gleichmäßig in Vollbrand stehende Fläche. Waldbrände sind nach König (2007) zu 75 % in Deutschland auf Bodenbrände reduziert.

2.2.1 Bodenbrände (im Wald!)

Bodenbrände betreffen nur die bodennahe Vegetation und abgestorbenes Material.

Charakteristische Eigenschaften:

- Feuersaum: max. 1 – 2 m Breite
- Flammenlängen: i.d.R. bis ca. 2 m Höhe, je nach Vegetation, Temperatur und Wind im Übergang zum Flächenbrand aber auch schnell das mehrfache, *vgl. Kap. 2.2.3.*
- Ausbreitungs- bzw. Laufgeschwindigkeit: max. 1.200 m/h, meistens jedoch deutlich unter 500 m/h, vgl. dazu König (2007) bzw. Liebeneiner (1981).

Bodenbrände lassen sich daher bevorzugt mit Handgeräten und D-Rohren bekämpfen. Schon der Einsatz von C-Rohren ist in den meisten Fällen überdimensioniert – gerade im Ersteinsatz.

Bodenbrände erzeugen weißen, ggf. auch leicht bräunlichen Rauch. Das kann großflächige Information der betroffenen Bereiche (Windrichtung beachten!)

Abb. 10: Bodenfeuer auf der Rückseite eines Waldbrandes. (Quelle: Internet, mit Freigabe)

Abb. 11: Abgestorbene Vegetation fungiert als Feuerbrücke. (Quelle: Internet mit Freigabe)

und u.U. sogar Evakuierungen nötig machen. Beachten Sie den Eigenschutz – Filtermasken mitführen und ggf. nutzen, *vgl. Abb. 41*!

Niedrig hängende Äste und Totholz können bei Bodenbränden im Wald als Feuerbrücken wirken und zu einem Vollbrand führen. Auf diese Feuerbrücken ist bei der Brandbekämpfung zu achten: entweder sind sie zu entfernen oder sofort abzulöschen.

Bodenbrände sind bevorzugt mit D- und C-Rohren und/oder Handgeräten zu bekämpfen! Ggf. ist Netzmittel zuzugeben, v.a. wenn die brennbaren Schichten am Boden dicker sind oder direkt in Torf- oder Moorbereiche übergehen.

Die Verwendung von B-Rohren oder Wasserwerfern bindet in der Regel zu viele Ressourcen und ist wenig löscheffektiv.

Wenn sich das Feuer bereits tiefer in den Boden (z.B. brennbare Schichten in Torf oder trockenen Mooren) ausgebreitet hat, gelten ergänzend folgende Maßnahmen:

- Trockenheit der Böden bestimmen, dazu Dürremonitor beachten: http://www.ufz.de/index.php?de=37937
- Tiefe der brennbaren Schichten bestimmen, dazu Torfbauern bzw. Geologen hinzuziehen, notfalls Bodenproben nehmen.

Abb. 12: Brände können sich im Moor tief in den Boden fressen (A) und sich auch entlang von (Entwässerungs-)Gräben schneller ausbreiten (B). Eine umfassende Erkundung und Überwachung ist notwendig! (Fotos: Südmersen)

- Flächenausbreitung neben den normalen Löschmaßnahmen des Bodenfeuers zusätzlich mit Gräben eindämmen, Tiefe der Gräben je nach Tiefe der trockenen brennbaren Schichten. Hierzu bei größeren Abmessungen maschinelle Hilfe benutzen. Dafür eignen sich neben Waldbrand-/Pflanzpflügen auch Grabenfräsen oder Kabelpflüge. Je nach Befahrbarkeit und Tragfähigkeit des Untergrunds müssen leistungsfähige Zugfahrzeuge mit möglichst geringem Bodendruck (Kettenfahrzeuge) verwendet werden.
- Gräben dann fluten (z.B. mit HFS-Systemen).
- Von den Gräben dann ggf. nach innen arbeiten, weitere Gräben ziehen, um Fläche weiter einzugrenzen.
- Im Inneren der Brandfläche ggf. mit Löschlanzen, Cobra-Löschsystem, oder Bohrungen Wasser mit Netzmittel in die tieferen brennenden Schichten bringen.

2.2.2 Vollbrände

Vollbrände entstehen fast immer aus Bodenbränden. Nur bei Außeneinwirkung (z.B. nach Flugzeugabsturz oder bei kriegerischen Handlungen durch Beschuss) wäre eine direkte Entwicklung in den Kronen von Bäumen möglich.

Das Feuer erfasst dabei die Brennstoffe der Krone. Gerade in jungen Kiefernschonungen, bei denen der beastete Bereich bis zum Boden reicht und die Bäume recht geringe Höhe von bis zu 5 m erreichen, erreicht ein Vollbrand hohe Laufgeschwindigkeiten von bis zu 1.800 m/h. Der hohe Sauerstoffverbrauch eines Vollbrandes führt zu einem starken Luftzug am Boden. Durch die starke Verqualmung ist die eigentliche Feuerfront schlecht zu lokalisieren.

Charakteristische Eigenschaften:

- Feuersaum: bis zu mehreren zig Meter Breite
- Flammenlängen: je nach Baumbestand und Thermik v.a. am Hang bis weit über 50 m Höhe

Ausbreitungs- bzw. Laufgeschwindigkeit: meist bis ca. 1.800 m/h, oft jedoch deutlich unter 500 m/h, vgl. König (2007) bzw. Liebeneiner (1981). Cimolino (2014) ermittelte allerdings aus Einsatz- bzw. Medienberichten auch Geschwindigkeiten bis ca. 15 km/h".

Bei Vollbränden werden i.d.R. die Bodenbrände bekämpft, so lange die Flammenintensität es zulässt. Sollte die Wurfweite des C-Rohres nicht mehr ausreichen, ist statt einem Werfereinsatz an ein defensives Vorgehen oder Löschwasserabwürfe durch Luftfahrzeuge zu denken.

Abb. 13: Besonders problematisch in der Waldbrandbekämpfung sind alte Windbrüche mit viel kreuz und quer liegendem Holz, schlechter Zugänglichkeit und vielen Feuerbrücken. Hier ist zwar das Vollholz bereits eingeschlagen und geräumt, aber es liegt noch mehr als genug trockenes Astwerk auf dem Boden und die Wege sind mit üblichen Allradfahrzeugen kaum befahrbar. (Foto: Südmersen)

Abb. 14: Vollbrand eines Melaluca-Bestandes in Florida/USA. Ein frontaler Angriff ist hier aller Wahrscheinlichkeit nach zwecklos und v.a. viel zu gefährlich. Es ist hier besser, das Feuer in das Grasland laufen zu lassen und dort aufzufangen. In diesem Fall wurde der Einsatzerfolg durch ein Vorfeuer entlang des Weges erreicht. (Foto: Südmersen)

Abb. 15: Vollbrand einer Kiefernschonung. (Foto: LFS Celle)

Abb. 16: Vollbrand im Bergwald ist besonders gefährlich, weil sich das Feuer bergwärts und aufgrund der Thermik sehr rasant entwickeln kann! (Foto: Südmersen)

2.2.3 Flächenbrände

Flächenbrände in Grasflächen und Getreidefeldern sind im weiteren Sinne Bodenbrände und stellen keine eigene Kategorie dar. Sie unterscheiden sich von diesen durch eine weit größere Ausdehnung. Trotzdem sind sie aufgrund ihres häufigen Auftretens und ihrer besonderen Gefährlichkeit eine gesonderte Betrachtung wert.

Charakteristische Eigenschaften:

- Feuersaum: ca. 1 – 5 m Breite (mit Unterholz bzw. Buschwerk ggf. deutlich mehr!)
- Flammenlängen: i.d.R. bis ca. 3[1] m Höhe, je nach Vegetation, Temperatur und Wind aber auch schnell das Mehrfache (z.B. bei trockenem Getreidevollbestand bis ca. 10 m!), *vgl. Abb. 19*.
- Ausbreitungs- bzw. Laufgeschwindigkeit: max. 1.200 m/h, meistens jedoch deutlich unter 500 m/h, vgl. König (2007) bzw. Liebeneiner (1981).

Windgetriebene Feuer erreichen bei Flächenbränden leicht über 10 km/h!

Bedingt durch die große Oberfläche und dem geringen Feuchtigkeitsgehalt dieser Vegetation erreichen Brände, insbesondere wenn sie vom Wind getrieben werden, sehr hohe Geschwindigkeiten. Da es zu diversen Unfällen (z.B. Hamburg 1992 Fahrzeugverlust, Kroatien 2007 mit 12 getöteten FA; Oschatz und Sülzetal je 2008 mit Fahrzeugverlust und teilweise verletzten FA) gekommen ist, wo sich die Einsatzkräfte bzw. sie ihre Ausrüstung nicht mehr vor der herannahenden Feuerfront durch Flucht retten konnten, muss unterstellt werden, dass bei entsprechenden Bedingungen ein schneller Rückzug nicht möglich ist.

Neben der strikten Beachtung der Sicherheitsregeln (*Kap. 2.3*) können daher folgende Empfehlungen gegeben werden:

- Ein frontaler Angriff auf die Feuerfront gegen den Wind mittels abgesessener Löschmannschaften hat zu unterbleiben.
- Ein Angriff auf die Feuerfront mittels Löschfahrzeugen ist möglich, aber gefährlich, weil schnelle Brandausbreitung und Rauch die Fahrzeugbesatzungen gefährden können.
  Wird der Frontalangriff mit Löschfahrzeugen trotzdem durchgeführt, ist auf die ausreichende Befahrbarkeit des Weges bzw. der Oberflächen zu achten und möglichst rückwärts anzufahren (außer man kann im Bogen nach vorn wegfahren). Ausreichende Löschwasserversorgung (bzw. Pendelverkehr) muss von Anfang an gewährleistet sein!
- Front und Flanken durch Löschfahrzeuge und -mannschaften aus dem verbrannten Bereich her angreifen.
- Natürliche Auffanglinien („grüne" Wiese, abgeernteter Bereich, Laubwald) nutzen oder durch Landwirt anlegen lassen (Pflug, Bodenfräse o.ä.).
- Ein brennendes Löschfahrzeug ist wie ein brennender Gefahrgut-LKW (Druckluftflaschen, Treibstoffkanister, etc.) zu behandeln. Waghalsige Rettungsversuche sind zu unterlassen.

---
[1] Bisher i.d.R. in der Literatur nur bis ca. 2 m angegeben!

Abb. 17: Besondere Gefährdung bei einem Angriff gegen den Wind. Achten Sie immer auf mögliche Windrichtungs- und -stärkenänderung, auch hier helfen Beobachter! (Foto und Grafik: Südmersen)

Abb. 18: Flächenbrände können entgegen bisheriger Literaturangaben auch Flammenlängen von weit über 2 m entwickeln, vgl. hier eine Flammenlänge[1] von geschätzt[2] ca. 6 – 7 m. (Foto: Jann, Geesthacht)

Abb. 19: Durch eine plötzliche Windböe wird das zunächst relativ harmlos erscheinende Feuer angefacht und bedroht ein Löschfahrzeug. (Foto: Davidovic, Düsseldorf)

---

[1] Die Flammenlänge ist das eigentliche Gefährdungskriterium, nicht deren Höhe! Begründung: Es reicht ein starker Windstoß, um die Flammen in Richtung Boden (und damit Einsatzkräfte) zu drücken – und dabei durch den Wind ggf. nochmal zu verlängern.

[2] Die Flammen sind einige Meter hinter den FA, sie verlaufen nicht gerade, sondern schräg. Die Größe eines FA beträgt grob geschätzt mit Helm etwas unter 2 m.

2.3 Sicherheit

Gerade im Bereich der Vegetationsbrandbekämpfung liegt im Vergleich zu vielen weiteren Feuerwehraufgaben eine hohe Gefährdung vor – die viel zu häufig immer noch unterschätzt wird!

Man muss sich bewusst machen, dass das Vegetationsbrandgeschehen im deutschsprachigen Raum zwar einen wachsenden, aber nicht den größten Anteil im Einsatzgeschehen der komplexen Feuerwehraufgaben hat. Ein Waldbrand ist eine unter vielen Lagen, die oft zeitlich nur sehr begrenzt und selten auftreten.

Trotzdem und gerade deswegen ist es notwendig, einen besonderen Fokus auf die Sicherheit im Einsatz zu legen. Da der Erfahrungswert diesbezüglich im deutschsprachigen Raum regional zum Teil eher begrenzt ist, erscheint es uns sinnvoll, auch den Blick über den Tellerrand zu wagen und Erfahrungen und Sicherheitsstandards aus anderen Regionen mit aufzuzeigen. So taucht auch in diesem Buch das Gefahrenschema AAAAABCEEEEE (*vgl. auch Kap. 2.4*) auf. Zugleich greifen wir internationale Standards auf, die den besonderen Sicherheitsaspekten im Waldbrandeinsatz mehr Genüge tun.

2.3.1 Erkundung im Ersteinsatz

In den nachfolgenden Situationen muss erhöhte Vorsicht angewandt werden:

- Angriff auf einen Feuersaum in einer unübersichtlichen Situation.
- Angriff auf einen Feuersaum ohne ausreichende Erkundung.
- Frontaler Angriff auf einen schnelllaufenden Feuersaum.
- Ein Angriff, der aus dem „Unverbrannten“ erfolgt (v.a. bei Getreidefeldern, aber auch bei trockenem Schilf o.ä.).
- Keine Verbindung zur Einsatzleitung.
- Kein Überblick über die Gesamtsituation.
- Wind kommt plötzlich auf oder wechselt die Richtung (z.B. bei Gewittern)
- Entstehungsbrände durch Flugfeuer und Funkenflug hinter der eigenen Position.

2.3.2 Vegetationsbrandspezifische Gefahrensituationen und dazugehörige allgemeine Verhaltensregeln

Tab. 2: Gefahren der Einsatzstelle; vgl. SCHLÄFER (1990); ergänzt und alphabetisch geordnet.

↓ durch	für \\ →	Menschen	Tiere	Umwelt	Sachwerte	Mannschaft	Gerät
Absturz	A	Ja	Ja	Nein	Ja	Ja	Ja
Angstreaktion	A	Ja	Ja	Nein	Nein	Ja	Nein
Atemgifte	A	Ja	Ja	Ja	?	Ja	?
Atomare Strahlung	A	Ja	Ja	Ja	Ja	Ja	Ja
Ausbreitung	A	Ja	Ja	Ja	Ja	Ja	Ja
Biologische Stoffe	B	Ja	Ja	Ja	Ja	Ja	Ja
Chemische Stoffe	C	Ja	Ja	Ja	Ja	Ja	Ja
Einsturz	E	Ja	Ja	Ja	Ja	Ja	Ja
Elektrizität	E	Ja	Ja	Nein	Ja	Ja	Ja
Erkrankung	E	Ja	Ja	Nein	Nein	Ja	Nein
Ertrinken	E	Ja	Ja	?	Ja	Ja	Ja
Explosion	E	Ja	Ja	Ja	Ja	Ja	Ja

Hinweise und Anmerkungen:

Sachwerte und Einsatzgeräte können zwar nicht „Ertrinken", aber durch Wasser sehr stark geschädigt oder gar zerstört werden.

Sachwerte und Geräte können kaum durch atomare Strahlung oder biologische Stoffe direkt geschädigt werden, hier erfolgt die Schädigung/Zerstörung eher über die Kontamination und die Problematik der Reinigung. Dies kann bis zur notwendigen Entsorgung von prinzipiell noch funktionsfähigen Geräten führen, die einfach nicht mehr sicher zu dekontaminieren sind.

Zu klären bleibt:

Sachwerte können natürlich auch durch Brandrauch (= Atemgifte) geschädigt oder gar zerstört werden. Dies gilt v.a. für (korrosions-) empfindliche Maschinen und Anlagen. Hier muss geklärt werden, ob dies besser unter Chemischen Stoffen (was aber eigentlich nicht Sinn des „C“ ist), oder unter Atemgifte (meine Empfehlung und damit Änderung des bisherigen Schemas) aufgeführt wird.

Die Umwelt kann natürlich nicht direkt „Ertrinken“, sehr wohl aber durch Wasser wie etwa während längerer Überflutungen geschädigt werden. Meist regeneriert sie sich jedoch relativ schnell wieder.

Gefahrenschema

Absturz

An Hanglagen ist ggf. brennbares Material zu sichern, das eine Steigung herunterrollen oder -rutschen kann, *vgl. Abb. 6.*

Achten Sie dabei auch auf die Eigensicherung. Verwenden Sie bei Bedarf Gerätschaften aus dem Gerätesatz Absturzsicherung und verwenden Sie möglichst entsprechend temperaturfeste Seile – andernfalls müssen Sie sicherstellen, dass die Seile niemals mit Glutnestern in Berührung kommen und immer weit genug von allen Hitzequellen (Flammen) entfernt sind!

Abb. 20: Arbeiten am Hang erfordert oft Maßnahmen der Absturzsicherung. (Foto: Kaufmann, Zirl)

In der Vergangenheit hat es sich im deutschsprachigen Raum bewährt, bei Einsatzlagen in schwer zugänglichen, bergigen[1] Regionen entsprechendes fachliches Know-how (z.B. Bergwacht, Firmen mit entsprechenden Arbeitsschwerpunkten in exponierten Lagen) zur Sicherung hinzuzuziehen.

Angstreaktion (Zivilisten, Einsatzkräfte, aber auch Tiere!)

Angstreaktion durch Zivilisten: Ein Feuer in der Vegetation führt selbst bei einem überschaubaren Ausmaß zu einer starken Rauchentwicklung und damit oft zu einer starken visuellen Wirkung in der Öffentlichkeit. Ereignisse in anderen europäischen Ländern mit zivilen Opfern hat auch die Bevölkerung in unseren Breitengraden immer mehr dafür sensibilisiert. Die Evakuierungen ganzer Ort-

[1] Das muss nicht im Hochgebirge sein. Selbst im Mittelgebirge oder an Flüssen gibt es Hanglagen, die bei Einsätzen diese entsprechende Sicherungsmaßnahmen notwendig werden lassen!

schaften im Sommer 2018 in Brandenburg haben der Bevölkerung gezeigt, welche Gefahren von einem entsprechenden Feuer ausgehen können. Diese Reaktion gilt es in der Einsatzplanung zu berücksichtigen.

Angstreaktion durch Einsatzkräfte: Die Erfahrungen aus den Einsätzen 2018 in Brandenburg haben gezeigt, dass Feuerwehrkräfte nicht umfassend auf die möglichen Ausmaße und das sichere Verhalten in Bezug auf diese Einsatzlage geschult und trainiert sind. Dies gilt es im Einsatz zu berücksichtigen. Ein vom Wind getriebener Waldbrand entwickelt z.B. einen bedrohlich wirkenden Geräuschpegel. Erfahrungsberichte sprechen von einem „Güterzug ähnlichen Geräusch".

Des Weiteren sind auch Angstreaktionen durch Wild- und Nutztiere zu beachten.

Atemgifte

Brandrauch, neben Rußpartikeln im Freien vornehmlich CO, (Form)Aldehyde, Acrolein, CO_2 und andere, vgl. Cimolino (2014) und Austin (2008) sowie Tab. 3. Eigenschutzmöglichkeiten mindestens zur Flucht sollten immer verfügbar sein.

Atomare Strahlung

Sofern keine Bodenbelastung z.B. auf Abraumhalden oder eine Unfallsituation mit einem Transport radioaktiver Stoffe gegeben ist, ist dies keine typische Gefahr für eine Waldbrandlage.

Zu beachten sind diese Gefahren allerdings auf ehemaligen oder bestehenden Truppenübungsplätzen. Dort wurde in den letzten Jahrzehnten vermutlich z.T. auch mit z.B. uranhaltiger Munition geübt. Hier ist die mögliche Kontamination der Einsatzkräfte durch Erkundung (auch bei den (ehemaligen) Betreibern) bzw. Messungen auszuschließen.

Ausbreitung

Brandinseln vor der Feuerfront: Durch Wind kann es zu einem „Springen" des Feuers kommen. Erfahrungsberichte sprechen bei starkem Wind von mehreren Kilometern.

Eine schnelle Brandausbreitung an Hängen und in Schluchten gibt es als besondere Gefahr zu beachten.

Dies gilt auch für eine Brandausbreitung durch rollende Glutstücke an Hängen, *vgl. Abb. 6.*

Biogefahren

Tiere, insbesondere Insekten (Zecken, Mücken, Hornissen, etc.) oder Parasiten (z.B. Fuchsbandwurm) und je nach Region u.U. auch giftige Schlangen können die Einsatzkräfte gefährden, wenn die üblichen Verhaltens-, Hygiene- bzw. Versorgungsregeln nicht eingehalten werden.

Infektionen durch nicht versorgte Wunden, z.B. auch von Blasen an Händen und Füßen (siehe auch Erkrankung/ Verletzung).

Chemische Gefahren

Sofern keine Bodenbelastung z.B. auf Abraumhalden, Truppenübungsplätzen bzw. alten Schlachtfeldern oder eine Unfallsituation mit einem Transport chemischer Stoffe gegeben ist, besteht keine typische Gefahr für eine Waldbrandlage.

Allerdings ist dies natürlich eine Gefahr, wenn Objekte betroffen sind, die Chemikalien enthalten. Dies kann schon eine betroffene Heimwerkergarage sein!

Einsturz

Es besteht aufgrund der Hitzeeinwirkungen auf Bäume oder Stein (z.B. Felsen) bzw. Bauwerke natürlich die Gefahr, dass entsprechend beaufschlagte Teile einstürzen oder in Hängen von oben nach unten abrutschen können, *vgl. Abb. 21.*

Abb. 21: Durch Brandeinwirkung massiv geschädigter Baum. (Foto: @fire)

Abb. 22: Durch Vegetationsbrand beschädigte Freileitung. (Foto: Cimolino)

Elektrizität

Durch Feuer beschädigte, oder auch herabgestürzte Freileitungen, *vgl. Abb. 22*. Beschädigt werden können sowohl die Kabel wie auch die Masten.

Stromführende Weidezäune können bei Hautkontakt sehr unangenehm wirken.

Erkrankung (Hitzschlag, Erschöpfung, Dehydrierung)

Beispiele: Erschöpfungszustand, Dehydrierung, Hitzschlag, Verbrennungen, Verletzungen im Einsatz

Das meiste davon wird durch zuviel oder zu wenig – in jedem Fall aber die falsche! – PSA verursacht!

Hier muss neben der richtigen PSA insbesondere auf die rechtzeitige Zuführung von ausreichend Flüssigkeit (Wasser oder Isogetränke) geachtet werden. Jedes Einsatzfahrzeug sollte damit für entsprechende Lagen ausgestattet sein. Der Nachschub muss so organisiert werden, dass rechtzeitig alle notwendigen Bereiche damit auch erreicht und versorgt werden können.

Ertrinken

Ertrinken ist auf den ersten Blick keine typische Gefahr in Wald- bzw. Flächenbrandlagen. Bei näherer Betrachtung ergeben sich aber schon mögliche Gefahren z.B. im Bereich von offenen Wasserentnahmestellen bzw. in der freien Fläche in steilen Tälern bei Wetterumschwung mit Starkregen.

Explosion

Munition auf Truppenübungs- bzw. ehemaligen Kriegsschauplätzen (z.B. auf ehemaligen Schlachtfeldern).

■ Munitionsreste und Minen (ehemalige Kampfgebiete!)

Auf Munitionsreste und Minen muss besonders geachtet werden. Gerade in Gebieten von ehemaligen bzw. noch betriebenen Truppenübungsplätzen und in ehemaligen Kampfgebieten ist größte Vorsicht geboten. Hier ist ein lokal kundiger Berater (Kampfmittelräumdienst, Bundeswehr, Forst usw.) unabdingbar. Solche Gebiete sollten auch im Rahmen der allgemeinen Einsatzvorbereitung bereits erfasst werden. Jeder Feuerwehr sollte bekannt

Abb. 23: Munition unmittelbar neben einem geräumten Weg. (Foto: Hanl, Weißwasser)

sein, welche solch gearteten gefährlichen Gebiete sich in ihrem potentiellen Einsatzgebiet befinden und möglichst auch noch, welche speziellen Gefahren dort wo vorliegen.

Neben der unmittelbaren Gefahr für die Einsatzkräfte kann von solchen Gefahren natürlich auch Gefahr der Brandbeschleunigung ausgehen. Die extreme Hitzeeinwirkung kann zu Explosionen führen, die Wald- und Flächenbränden wohlmöglich weitaus mehr Intensität verleihen.

Abb. 24: Ein M113 ist zwar eine preiswerte und einfach zu realisierende Lösung für ein Kettenfahrzeug (= geringer Bodendruck!), verfügt aber über eine relativ schwache Panzerung. (Foto: Hesse, Rosport)

Im Zweifelsfall gilt es hier, das Feuer indirekt zu bekämpfen, in ungefährdete Gebiete laufen zu lassen und dort sicher zu bekämpfen. Dies wird in der Praxis z.B. auf Truppenübungsplätzen so praktiziert. Teilweise werden dazu auch gepanzerte Fahrzeuge benutzt, einige Übungsplätze verfügen darüber.

Die Brandbekämpfung aus der Luft ist in munitionsbelasteten Gebieten wenig erfolgreich, da die verhängten Sperrradien nicht nur als Kreis, sondern als Halbkugel verstanden werden müssen. Wenn also die Feuerwerker z.B. 500 m Sperrradius verfügen, dann müssen die Luftfahrzeuge dies als Mindestflughöhe einhalten. Ein Löschwasserabwurf aus dieser Höhe ist allenfalls kosmetisch oder für die Medienarbeit wirksam.

Topographie

Die Topographie hat sowohl für das Ausbreitungsverhalten von Bränden im Freien wie auch für deren Bekämpfung eine große Bedeutung. Je nach vorhandener Geländeform kann eine Brandausbreitung begünstigt werden oder sie hat eine positive Auswirkung, die Brandbekämpfung unterstützende Wirkung.

Die Topographie sollte immer einen besonderen Fokus in der Einsatzplanung haben!

Ein Feuer brennt hangaufwärts grundsätzlich weitaus schneller und mit höherer Intensität als hangabwärts, *vgl. Abb. 6*. Dies ist primär dadurch bedingt, dass die Richtung der Flammen (die Einflussnahme durch Wind sei hier außen vor gelassen[1] nach oben gerichtet ist und nach oben auch die Thermik des Feuers wirkt. So werden hangaufwärts die brennbaren Materialien auf sehr viel kürzerem Wege erreicht, das Feuer bekommt eine andere Intensität. Häufig ist ein extremer Verlauf zu beobachten, bei dem ein Feuer förmlich den Hang hinauf „läuft". Dies kann mit sehr hohen Geschwindigkeiten passieren. Ein Annähern an eine Einsatzstelle von oben, sprich dem Feuer entgegen, ist grundsätzlich zu vermeiden. Sollte ein kleines Feuer an Intensität zunehmen, ist ein hangaufwärts führender Rückzug zeitlich kaum möglich. Wie viele Unglücksfälle in der Vergangenheit aufzeigen, kann man einem Feuer hangaufwärts nicht „davonlaufen".

Eine Annäherung von oben darf daher nur erfolgen, wenn jederzeit eine sichere Flucht zur Seite möglich ist!

Da das Feuer hangaufwärts auch zunehmend an Intensität gewinnt, sollte eine Brandbekämpfung am Hang bei hangaufwärts brennenden Feuern kritisch hinterfragt werden. Es kam hier in der Vergangenheit auch in Deutschland bereits zu großen Problemen u.a. mit Verlust von Einsatzfahrzeugen; vgl. Einsatz vom 04.07.1982, Feuerwehr Goslar (2007)!

Abb. 25: Einflüsse der Topographie auf das Brandverhalten (Grafik: Weich)

Auch unterhalb des Feuers an einem Hang bestehen Gefahren durch Sekundärbrände, die durch herabrollende Glutbestandteile unter dem eigenen Standort entstehen können. Hier besteht dann die Gefahr, eingeschlossen zu werden, *vgl. Abb. 6*!

Dagegen nimmt die Intensität eines Feuers stark ab, wenn es z.B. über einen Hang gelaufen ist und es sich jetzt hangabwärts weiter ausbreitet. Die Hitze und Flammenintensität zeigt weiterhin nach oben, da befindet sich aber nur verbranntes bzw. schon bzw. noch brennendes Material. So ist die Ausbreitung hangabwärts mit weit aus geringerer Geschwindigkeit zu beobachten. Das ist idealerweise eine geeignete Stelle, weil die Brandbekämpfung sehr effizient ausfallen wird.

[1] Theoretisch können in Berglagen auch wetterbedingt Fallwinde mit erheblichen Stärken auftreten, die auch bergab eine stärkere Ausbreitung zur Folge haben können, vgl. nachfolgenden Abschnitt „Meteorologie".

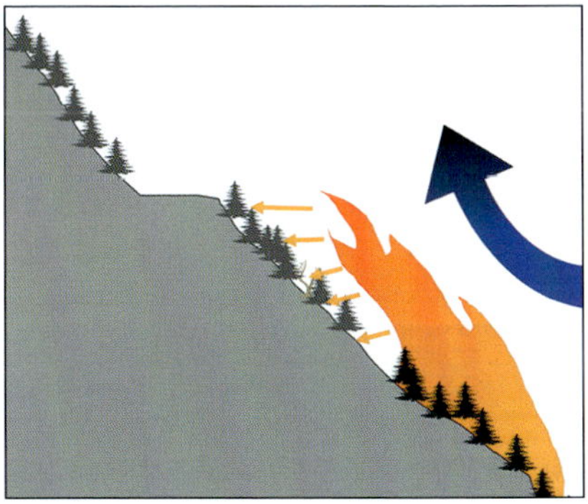

Abb. 26: Thermische Effekte an einem Hang: Durch Wärmeströmung (Brandrauch) und Wärmestrahlung (Flammen) wird die Vegetation bereits vor Eintreffen der Feuerfront ausgetrocknet. (Grafik: Südmersen)

Diese Entwicklung ist auch schon bei sehr niedrigen Steigungen zu beobachten und so sollte sie bei der Brandbekämpfung auch immer mit in Betracht gezogen werden.

In bergigen Gegenden sollte auch ein besonderer Fokus auf tiefe und enge Täler und Schluchten gelegt werden. Sollte es in diesen zu einer Brandentwicklung kommen, ist mit einer besonderen Intensität zu rechnen. Bedingt durch die dicht beieinander liegenden und aufsteigenden Wände der Schluchten, kann das Feuer in sehr kurzer Zeit sehr viel „Nahrung" bekommen. Zudem herrscht in Schluchten auch oft eine besondere Thermik (Kamineffekt usw.), die es zu beachten gilt. Mit einer besonderen Intensität ist grundsätzlich zu rechnen, je enger das Tal / die Schlucht ist.

Abb. 27: Wenn Sie Anmarsch- oder Versorgungswege durch enge Täler bzw. Schluchten führen müssen, achten Sie auf alternative Fluchtwege oder sichere Rückzugsmöglichkeiten! (Foto: Kögler, Ottendorf)

Abb. 28: Nachts breitet sich das Feuer zwar i.d.R. wegen der niedrigeren Temperaturen langsamer aus und man sieht die Flammen besser, dafür ist die Lageeinschätzung und -übersicht viel schwieriger! (Foto: Häuslmann, Ainring)

Bei der Brandbekämpfung sind enge Täler und Schluchten zu meiden!

Dies gilt auch für An- und Abmarschwege.

Auch hier gilt wieder: Das Feuer in einen sicheren Bereich laufen lassen, so lange dies möglich ist.

Meteorologie

Die Entstehung und Entwicklung eines Waldbrandes ist extrem von den vorherrschenden Temperaturen abhängig. Dazu kommen die Faktoren Trockenheit und Windstärke sowie -richtung. Entscheidend ist gerade bei Waldbränden die Kombination bzw. Wechselwirkung dieser drei Faktoren.

Abb. 29: Mobile Wettermessstation von KESTREL. (Foto: @fire)

Holen Sie sich rechtzeitig Informationen zur Wetterlage, neben den üblichen Wetterseiten gibt es für

- Waldbrände: http://www.dwd.de/waldbrand
- Flächenbrände, Graslandfeuerindex (GLFI), ebenfalls über DWD

spezialisierte Informationsangebote.

Für größere Lagen empfiehlt es sich, einen Meteorologen als Fachberater hinzu zu ziehen.

Taupunkt und Luftfeuchtigkeit

Zwei Faktoren, um eine Feuergefahr oder Feuerausbreitung abzuschätzen, sind der Taupunkt und die Luftfeuchtigkeit.

Der Taupunkt sagt aus, ab welcher Temperatur morgens es zur Taubildung kommt. Diese kann eine Brandentwicklung oder einen Brandausbruch beeinflussen. Fällt die Temperatur nachts unter die Temperatur, bei welcher Tau gebildet wird, werden die Bäume und Pflanzen „befeuchtet“, Die Brandausbreitung oder Entstehung kann dadurch verringert werden.

Fällt die Temperatur dagegen nachts nicht unter den Taupunkt, ist von einer deutlich höheren Brand(ausbreitungs)gefahr auszugehen.

Die Luftfeuchtigkeit ist der zweite wichtige Faktor. Je niedriger die Luftfeuchtigkeit, umso mehr steigt die Feuerintensität. Große Trockenheit wird dementsprechend die Bedingungen für Vegetationsbrände begünstigen.

Sowohl der Taupunkt als auch die Luftfeuchtigkeit sind regionsweise vom Deutschen Wetterdienst zu erhalten (www.dwd.de) oder mit entsprechenden Geräten zu messen.

Temperatur

Ein weiterer wichtiger Faktor ist die Temperatur. Je heißer das Wetter und je geringer die Luftfeuchtigkeit und der Taupunkt, umso größer wird die Gefahr und die Intensität von möglichen Vegetationsbränden. Allerdings gilt es auch hier zu beachten, dass auch bei niedriger Temperatur, aber großer Trockenheit die Waldbrandgefahr sehr hoch sein kann. Dies sind typische Lagen im Spätwinter bzw. im beginnenden Frühjahr, wo auch die Vegetation noch trocken ist.

Entscheidend ist natürlich auch bei der Temperatur die entsprechende Tageszeit. Im Laufe des Tages nimmt die Temperatur zu und erreicht normalerweise ihren Höhepunkt im Laufe des frühen Nachmittags, danach nimmt sie wieder ab. Dieses Phänomen ist entscheidend für das Wald- und Flächenbrandverhalten. Entsprechend dem Temperaturanstieg nimmt auch die mögliche Intensität eines Feuers zu. So brechen nicht nur die meisten Vegetationsbrände im Laufe des Nachmittages bzw. am frühen Abend aus (die Hitze und Trockenheit ist am höchsten), bei anhaltenden Feuern nimmt die Intensität in der zweiten Hälfte des Tages auch deutlich zu. Auch nimmt sie entsprechend der Temperaturentwicklung nicht unmittelbar zum späten Nachmittag hin ab, sondern wird bis in den Abend hin anhalten.

Dies gilt es auch bei der Brandbekämpfung zu beachten. Gerade bei großen Feuern z.B. im südeuropäischen oder nordamerikanischen Bereich wird die Brandbekämpfung auch daraufhin ausgerichtet: In den Mittags- und Nachmittagsstunden wird die Brandbekämpfung eher passiv betrieben, in den Abend-, Nacht und Morgenstunden wird dagegen eine sehr aktive Brandbekämpfung vorgenommen, weil da die besten Erfolge zu verzeichnen sind. Dies kann man auch auf die Verhältnisse im deutschsprachigem Raum übertragen. So gibt es von den Waldbrandlagen 2018 in Brandenburg Erfahrungsberichte, dass nachts gute Erfolge in der Brandbekämpfung erzielt wurden. Dabei gilt es aber natürlich zu beachten, dass die Übersichtlichkeit eingeschränkter ist.

Grundsätzlich ist zu beachten: Bei Feuern ist in den Mittags- und Nachmittagsstunden bedingt durch die Temperaturen mit einer höheren Intensität zu rechnen, als z.B. in den Morgenstunden oder am Vormittag.

Wind

Ein weiterer wichtiger Faktor im Bereich der Wald- und Flächenbrände ist der Wind.

Feuer wird vom Wind angetrieben und kann durch Wind immens an Intensität gewinnen. Zudem können brennende Partikel auch über relativ weite Strecken durch Wind durch die Luft getragen werden und es kommt zu weiteren neuen Brandinseln.

Feuer kann aber auch selbst Luftbewegungen bis Sturmstärke erzeugen. Dies beginnt bei der Verstärkung der Thermik – und damit der Brandausbreitung v.a. bergauf.

Der Extremfall ist ein Vollfeuer in großen Holzbeständen, wo grundsätzlich auch ein „Feuersturm" auftreten kann.

Abb. 30: Durch Flugfeuer gebildete Brandinsel. (Foto: @fire)

Abb. 31: Beachten Sie auf der Anfahrt die Windrichtung! Die Rauchsäule ist die beste „Wetterfahne" für die Situation vor Ort. (Foto: de Vries, Hamburg)

Grundsätzlich sollte bei der Anfahrt und Erkundung die Windrichtung eindeutig definiert werden.

Einsatzstellen sollten wenn möglich immer nur mit dem Wind und niemals gegen den Wind angefahren werden.

Gerade auch bei der Positionierung der Einsatzfahrzeuge ist dies zu beachten. Grob fahrlässig ist es für Mannschaft und Gerät, bei klar sichtbarem Wind (eindeutig ablesbar aus der Rauchentwicklung) eine Brandbekämpfung gegen den Wind einzuleiten.

2.3.3 Sicherheitsregel „Waldbrand"

Die Sicherheitsregeln Waldbrand sind aus den internationalen Sicherheitsstandards für Waldbrandbekämpfung LCES (L=Lookout, C=Communications, E=Escape Route, S=Safety Zone) abgeleitet. Sie sollten als absolutes „Muss" angesehen werden.

Jeder FA, jede Führungskraft und erst recht jeder Einsatzleiter sollte diese Regeln „im Schlaf" beherrschen. Es gilt deren Einhaltung vor und während eines Einsatzes ständig zu überprüfen. Sie müssen als „Go/No-Go"-Ausschlusskriterien gelten. Sobald bei der Überprüfung einer der Punkte nicht sichergestellt ist, sollte sofort die Priorität darauf gelegt werden, dass eine Sicherstellung erfolgt. Die Sicherheit der eingesetzten Kräfte ist nicht mehr gegeben, wenn nicht alle vier Punkte sichergestellt sind.

2.3.4 Sicherungsposten

Abb. 32: Sicherungsposten (Foto: @fire)

Jeder Einsatz im Zuge eines Waldbrandes muss durch einen Sicherungsposten begleitet werden. Dieser darf nicht in weitere Tätigkeiten eingebunden werden. Seine primäre Aufgabe ist die Beobachtung der Entwicklung des Wald- oder Flächenbrandbrandgeschehens. Dafür sollte er eine Position einnehmen, die einen guten Überblick erlaubt. Er steht mit geeigneten Kommunikationsmitteln im unmittelbaren Kontakt zum Einsatz- bzw. (Unter-) Abschnittsleiter[1] und berichtet umgehend, wenn sich das Brandgeschehen und Verhalten ändert. Das gewährleistet, dass eine Gefährdung (z.B. durch Umschlagen des Windes usw.) sofort erkannt wird. Erkannte Gefährdungen und ggf. Hinweise zu Fluchtmöglichkeiten werden umgehend an die Einheitsführer der Löschmannschaften weitergeleitet.

Eine weitere Aufgabe des Sicherungspostens kann auch die Überwachung der Sicherheit im Einsatz sein. Seine primäre Aufgabe sollte aber immer Vorrang haben.

Die Qualifikation des Sicherungspostens sollte möglichst hoch sein. Hier empfiehlt es sich, einen erfahrenen Gruppenführer oder höher einzusetzen.

Ggf. ist es sinnvoll, mit einem Hubrettungsgerät einen mobilen Aussichtspunkt zu stationieren, wenn dafür kein Hubschrauber zur Verfügung steht.

---

[1] Ist die Lage für einen Beobachter nicht mehr überschaubar, sind mehrere einzurichten! Hier bietet sich dann die Aufteilung analog der Brandbekämpfungsabschnitte an.

2.3.5 Kommunikation

Kommunikation ist in jedem Einsatz eine Grundvoraussetzung. Die meisten Fehler im Bereich Führung geschehen durch Kommunikationsfehler. Die Kommunikation (Funkgerät, auf Zuruf usw.) innerhalb einer Einheit, innerhalb einer Einsatzstelle und zur der Einsatzleitung muss jederzeit sichergestellt sein. Nur so kann jederzeit eine Lageveränderung kommuniziert werden und auf Gefährdungen reagiert werden.

Die Kommunikationsorganisation folgt dabei der Führungsorganisation – und nicht umgekehrt, vgl. Cimolino et al. (2008) und Graeger et al. (2009).

Achten Sie auf die beschränkten Reichweiten von Handfunkgeräten[1] und setzen Sie ggf. Relaisstellen (technisch bzw. menschlich) ein.

Damit ist auch gemeint, dass jederzeit innerhalb einer Einheit (Staffel/Gruppe/autarke Löschmannschaft) Kontakt besteht. Jeder einzelne FA muss jederzeit Kontakt zu seiner Einheit haben – sei es über Funkgeräte oder per Zuruf.

Achten Sie v.a. auf die Krisen- und Notfallkommunikation. Vereinbaren Sie eindeutige Kommandos für Rückzug, SOS, Lagebesprechung usw. Diese Kommandos müssen vor jedem Einsatz klar definiert bzw. wiederholt werden.

Bewährt hat sich für diese Fälle eine Signalgebung per eindringlicher Trillerpfeife, wenn nicht jedes Teammitglied bzw. Trupp ein eigenes Funkgerät hat.

Evakuierung: - - - - - - - - - - - -

3 kurze Signale, je 1 Sekunde, so lange bis Evakuierung sichergestellt und durchgeführt ist.

2.3.6 Rettungswege

Die Lage im Waldbrandeinsatz kann sich sehr schnell verändern. Es kann z.B. durch sich verändernde Windrichtung, Funkenüberschlag usw. sehr schnell zu Gefährdungen kommen. Deswegen ist es unerlässlich, in jedem Einsatz für die Einheiten einen klaren Fluchtweg zu definieren, der jedem Einheitsmitglied bekannt ist. Eine Markierung z.B. mit Kennzeichnungsband ist empfehlenswert.

Der Fluchtweg muss so geartet sein, dass er problemlos begeh- bzw. befahrbar ist. Er sollte frei von Hindernissen sein und den schnellsten und sichersten Weg

[1] Analoges 2m-Band oder Direktbetrieb (DMO) im Digitalfunk.

aus einer Gefahrenzone bieten. Er sollte möglichst nicht hang- bzw. bergaufwärts führen.

Am ehesten bieten sich bereits vorhandene Wege, Sicherheitsschneisen usw. an. Auch wenn intuitiv jeder einen Fluchtweg im Blick hat, muss dieser im Zuge des Einsatzes jedes Mal klar definiert und an alle sich in dem Gebiet aufhaltenden Einsatzkräfte mitgeteilt werden.

Bei relevanten Lageveränderungen muss er ggf. angepasst oder komplett verändert werden.

Sollte ein Fluchtweg nicht den Anforderungen entsprechen, gilt es ihn anzulegen bzw. auszubauen – oder das Personal ist aus dem gefährdeten Bereich heraus zu bringen.

2.3.7 Sicherheitszone / Sammelplatz

Ebenso muss vor bzw. in jedem Einsatz eine Sicherheitszone definiert werden, in die sich die Einsatzkräfte bei Gefahr oder dramatischen Veränderungen zurückziehen können und in der sie sicher sind. Diese Sicherheitszonen müssen frei von brennbarem Material sein, sollten von der Größe auch so geartet sein, dass alle Einsatzkräfte sicher Platz finden und der Untergrund sollte möglichst vegetationsbefreiter (Mutter-)Boden, Stein, Beton usw. sein.

Die Entfernung zur Einsatzstelle sollte so geartet sein, dass die Sicherheitszonen in vertretbarer Zeit bei Gefahr zu Fuß zu erreichen ist.

Sollte keine geeignete Zone vorhanden sein, gilt es sie bei entsprechenden Flächenlagen anzulegen bzw. auszubauen.

Sollte die räumliche Aufteilung es nicht zulassen, bei größeren Einsatzlagen eine Sicherheitszone für alle Kräfte vorzuhalten, gilt es mehrere zu definieren. Die Bestimmung, welche Zone für welche Einheit gilt, ist dann umso wichtiger. Jedem FA muss das klar sein.

Beispiele für Sicherheitszonen können Lichtungen, Parkplätze, breite Wege ohne überhängende Äste usw. sein. Sie können natürlich mit zu schützenden Objekten bzw. Brandschneisen identisch sein, wenn diese dann **sicher** gehalten werden können!

2.4 Verhalten in Notsituationen

Wichtigste Verhaltensgrundlage in Notsituationen ist: „RUHE BEWAHREN“!

Vorausgehend ist es aber natürlich elementar, dass eine Notsituation als solche auch frühzeitig erkannt wird.

In der Notsituation als solches ist bedachtes, aber zügiges Handeln gefordert.

Sollte es zu einer Notsituation kommen (z.B. ein Überspringen des Feuers in den Rücken der eingesetzten Kräfte, Intensität verstärkt sich maßgeblich und mit den vorhanden Kräften ist das Feuer nicht zu beherrschen usw.) sind alle Teammitglieder, der zuständige nächste höhere Führer und ggf. auch die benachbarten Einheiten zu warnen bzw. zu informieren.

Dabei ist – sofern nicht aktiv reagiert werden kann – unmittelbar der Fluchtweg zu nutzen und die Sicherheitszone aufzusuchen. Dort ist die Vollzähligkeit der Mannschaft festzustellen. Zugleich ist auch eine eindeutige Rückmeldung an die Einsatzleitung abzugeben, damit entsprechende Maßnahmen (Verstärkung usw.) eingeleitet werden.

3 Einsatzmittel und Aufgabenverteilung

Jede taktische Einheit besteht aus

- Mannschaft und
- Einsatzmitteln.

Entsprechend der Anzahl der Einsatzkräfte bzw. Einheiten ist oberhalb einer verstärkten Gruppe[1] ein Zug[2] zu bilden.

Bei mehr als 3 Staffeln/Gruppen (teilweise auch als verstärkter Zug bezeichnet) bzw. mehr als 5 selbstständigen Einheiten (auch Truppfahrzeugen!) ist i.d.R. ein taktischer Verband (Bereitschaft) zu bilden, der aus mindestens zwei Zügen bestehen soll[3], *vgl. Kap. 4.1.2*.

2 bis 5 Bereitschaften bilden eine Abteilung.

Die taktische Einheit hat ihren vollen Einsatzwert, wenn

- die Einsatzkräfte die zur Wahrnehmung ihrer Funktion erforderliche Aus- und Fortbildung erfolgreich absolviert haben,
- die Einsatzkräfte zum Zeitpunkt des Einsatzes psychisch und physisch zur Wahrnehmung ihrer Funktion in der Lage sind,

---

[1] Verstärkte Gruppe bzw. Staffel: Gruppe bzw. Staffel und ein selbständiger Trupp, vgl. CIMOLINO, DE VRIES (2005).

[2] CIMOLINO (2005)

[3] Beide Züge sind dann einem übergeordneten Verbandsführer unterstellt. Die gleichzeitige Ausübung von verschiedenen taktischen Führungspositionen (z.B. Zugführer und Staffelführer/Gruppenführer, Verbandsführer und Zugführer) über längere Zeit sollte vermieden werden. Nötigenfalls ist dann eine Funktion an den Stellvertreter abzugeben, vgl. GRAEGER et al. (2009).

- die Einsatzmittel vollständig, funktionsfähig und in einem gepflegten Zustand sind.

Der Einsatzablauf wird in *Kap. 4* beschrieben.

Beachten Sie für die Grundlagen der Einsatztaktik die Bücher

- (Die Staffel/Gruppe im) Einsatz von Löschgeräten; CIMOLINO, DE VRIES (2005)
- Der Zug im Einsatz von Löschgeräten; CIMOLINO, DE VRIES (2005)
- Führung in Großschadenslagen – Taktische Verbände im Einsatz, CIMOLINO (2010)

3.1 Mannschaft

Eine der wesentlichen weltweiten Erkenntnisse der letzten Jahre ist, dass bodengebundene Löschmannschaften mit manuellen Löschtechniken zur Ergänzung von TLF und Löschwasserabwürfen äußerst effektiv und insbesondere ausschlaggebend für einen nachhaltigen Einsatzerfolg sind.

Ein Feuersaum, der durch einen Löschwasserabwurf oder ein schnelles Abpinseln mit einem Strahlrohr niedergeschlagen bzw. (oberflächlich) abgelöscht worden ist, muss durch Löschmannschaften kontrolliert und nachgelöscht werden. Erfolgt dies nicht, oder nicht nachhaltig genug, so kann es – ausgehend von wenigen Glutnestern – noch wochenlang zu Folgebränden kommen, solange es trocken bleibt und sobald der Wind auffrischt.

3.1.1 Löschfahrzeug-Besatzungen

Die Besatzungen von Löschfahrzeugen arbeiten mit der Ausstattung der jeweiligen Fahrzeuge, nehmen Schlauchleitungen vor und führen Nachlöscharbeiten durch.

■ Trupp

Die Besatzung eines Truppfahrzeugs kann nur ein Strahlrohr vornehmen, da der Maschinist i.d.R. seinen originären Aufgaben nachkommen muss und der Truppführer Sicherungs- und Beobachtungsaufgaben übernehmen muss.

Das Truppfahrzeug ist daher für den punktuellen bzw. mobilen Einsatz besonders geeignet.

Für einen stationären Einsatz benötigt ein Truppfahrzeug die Unterstützung weiterer Fahrzeugbesatzungen oder eigenständiger Löschmannschaften.

Mögliche Truppfahrzeuge:

Kleinlöschfahrzeuge z.B. auf Basis eines Pick-Up, (frühere bzw. aktuell) genormte Tanklöschfahrzeuge wie

- TLF 2000
- TLF 3000, TLF 8-W, TLF 16/24-Tr,
- (P)TLF 4000, TLF 16/45, TLF 20/40, TLF 20/40-SL – oder deren Nachfolger – bzw. ähnliche Fahrzeuge.

Staffel

Die Besatzung eines Staffelfahrzeuges kann entweder einen Trupp mit einem Strahlrohr und einen weiteren Trupp mit Waldbrand-Handgeräten oder zwei Trupps mit je einem Strahlrohr einsetzen.

Wird das Staffelfahrzeug „mobil" eingesetzt, ist die erste Variante zu bevorzugen, da das vorhandene Löschwasser effektiver und schneller z.B. durch die gemeinsame Verlegung längerer Schlauchleitungen eingesetzt werden kann.

Mögliche Staffelfahrzeuge:

Kleinlöschfahrzeuge z.B. auf Basis eines Pick-Up mit Doka, TSF-W, StLF 10(/6), TLF 16/25 bzw. ähnliche Fahrzeuge.

TSF können hier nur dann mit Löschwasser eingesetzt werden, wenn ausreichend Löschwasser über Schläuche oder Wasserentnahmestellen zur Verfügung gestellt werden kann oder der Einsatz der Einheit ohne Wasser erfolgt. Die mitgeführte Wassermenge von TSF-W bzw. StLF 10 etc. reicht i.d.R. nicht aus, um vor Ort autark nennenswerte Löschmaßnahmen ohne Löschwasserversorgung durchführen zu können.

TSF-W und KLF sind allerdings die kleinsten bzw. preiswertesten genormten Einsatzfahrzeuge, mit denen je nach baulicher Ausführung[1] i.d.R. mit geringem Aufwand ein „Pump&Roll"-Betrieb möglich ist und so z.B. die seitliche Absicherung einer Flanke möglich wird. Das setzt natürlich die richtige Ausbildung der Einsatzkräfte voraus.

---

[1] Abhängig u.a. von der Detailausführung der Lagerung der TS, deren Betriebsmöglichkeit bzw. Temperaturentwicklung bei Betrieb im Aufbau bzw. der Fahrmöglichkeit mit ausgezogener Lagerung, der Abgasführung usw.

Abb. 33: TSF-W im Pump&Roll-Einsatz (hier bei einer Ausbildung zur Vegetationsbrandbekämpfung). (Foto: Maushake, Vecheide)

■ Gruppe

Die Besatzung eines Gruppenfahrzeuges wird aufgrund der umfangreichen Ausstattung des Fahrzeuges und des vergleichsweise geringen (oder gar keines) Löschwasservorrates vorrangig stationär im Rahmen einer Löschwasserversorgung über lange Wegstrecke oder in Kombination mit TLF eingesetzt.

Mögliche Gruppenfahrzeuge:

LF 8/6, LF 10(/6), HLF 10(/10), LF 16/12, HLF 20(/16), LF 20(/16), LF 20-KatS

LF 8, LF 16-TS o.ä. können hier nur dann mit Löschwasser eingesetzt werden, wenn ausreichend Löschwasser über Schläuche oder Wasserentnahmestellen zur Verfügung gestellt werden kann – oder der Einsatz der Einheit ohne Wasser erfolgt.

Die mitgeführte Wassermenge von LF 10/6 etc. reicht i.d.R. nicht aus, um vor Ort autark nennenswerte Löschmaßnahmen ohne Löschwasserversorgung durchführen zu können.

3.1.2 Spezialisierte Löschmannschaften

Löschmannschaften bekämpfen Bodenfeuer, legen Feuerschneisen inkl. Wundstreifen an, führen Nachlöscharbeiten durch und verhindern Brandausbreitung durch Funkenflug/Flugfeuer ggf. auch ohne die Unterstützung durch Löschfahrzeuge.

Die Stärke einer solchen Löschmannschaft sollte mindestens eine Gruppe sein.

Der Melder übernimmt dabei die Aufgabe des Beobachtungspostens.

Je nach oben genanntem Verwendungszweck rüsten sich die Trupps mit folgenden Gerätschaften bzw. werden die Trupps kombiniert aus:

- 1 FA Patsche / 1 FA Schaufel zur Unterstützung eines Löschangriffes
- 1 FA Wasserrucksack / 1 FA Schaufel zum Bekämpfen von Brandinseln
- 1 FA Schaufel / 1 FA Platthacke zum Anlegen von Wundstreifen
- 1 FA Motorsäge / 1 FA Wegräumen abgeschnittener Äste etc.

Die Ergänzung des Wasserrucksackes mit einem Schaum- oder Netzmittel hat sich im In- und Ausland seit Jahren bewährt. Die Erfahrungen haben gezeigt, dass der löscheffektive Vorteil von Schaum- bzw. Netzmittel insbesondere für Nachlöscharbeiten die Nachteile (Logistik, Kosten, Umweltdiskussion[1] erheblich überwiegt; vgl. de Vries (2008)!

Neben einer ergänzten und verbesserten PSA (*vgl. Kap. 3.1.3*) sollten so einer Löschmannschaft in Gruppenstärke folgende Handwerkzeuge bzw. Geräte zur Verfügung stehen (fahrzeugbezogene Beladungsvorschläge finden Sie unter *Kap. 3.2.1*, um auch flexibel einsetzbar zu sein. Natürlich muss dabei in der Anpassung ggf. auf die örtliche Vegetation eingegangen werden:

- 4 Waldbrandpatschen
- Für den Bodentyp geeignete Schaufeln (z.B. Bayrische Sandschaufel sofern keine spezialisierte Schaufel wie die Firefighting Shovel aus den USA nach US Forest Service specification #5100-0326 vorhanden ist) oder Spaten
- 4 Platthacken (z.B. Wiedehopfhacken)
- 2 Wasserrucksäcke
- Motorsäge mit Zubehör inkl.[2]

Da es sich hier um eine Einheit mit spezialisierter Ausstattung und Ausbildung handelt, sollte diese mindestens als Ergänzung von Waldbrandzügen o.ä. über regional aufgestellt und vorgehalten werden. Diese Einheiten haben auch gegenüber Großfahrzeug-Verbänden den Vorteil, dass sie schneller und leichter

---

[1] Netzmittel sind auch im Wald oder in Trinkwasserschutzgebieten unproblematisch bei richtiger Auswahl und Anwendung, vgl. de Vries (2008).

[2] Die Schnittschutzkleidung für die Motorsägen sollte für die Vegetationsbrandbekämpfung natürlich nicht ölgetränkt sein! Das gleiche gilt natürlich auch für die sonstige Einsatzbekleidung.

Abb. 34: Die „Bayerische Sandschaufel" ist als Stechschaufel mit spitzem Blatt besser als reine Sandschaufeln mit geradem Blatt für unterschiedliche Böden und Anwendungsfälle (auch zur Produktaufnahme von Straßen oder für den behelfsmäßigen Dammbau o.ä.) geeignet, dafür ist im Vergleich zur spezialisierten Waldbrandschaufel der Zielwurf schlechter möglich. (Foto: @fire)

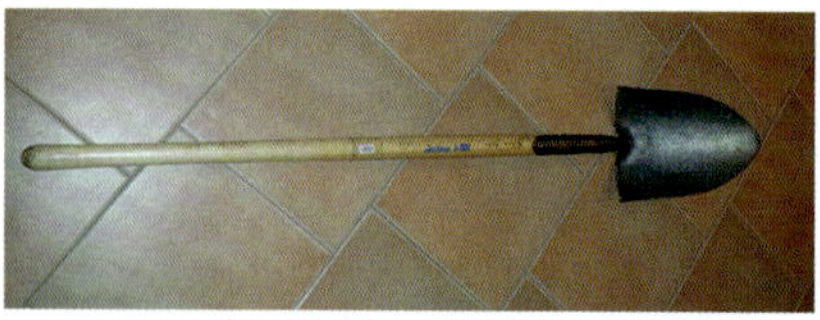

Abb. 35: Die Feuerbekämpfungs-Schaufel (Firefighting-Shovel) aus den USA nach US Forest Service specification #5100-0326 ist für die Vegetationsbrandbekämpfung spezialisiert und ermöglicht u.a. zielgerichteten Sandwurf und gutes Abkratzen der Bodenoberfläche. (Foto: Maushake, Vecheide)

verlegbar sind, ggf. sogar luftverlastbar sind.

Die EU sieht mit dem Modul GFFF (ground forest firefighting) eine v.a. auf die manuelle Brandbekämpfung ausgerichtete Löschmannschaft als Einheit auch im EU-weiten Katastrophenschutzverfahren vor. Eine personelle Stärke ist nicht definiert[1]. Verlangt werden FA mit entsprechender Ausbildung in der Vegetationsbrandbekämpfung. Man kann vermuten, dass geländegängige wendige Fahrzeuge sinnvoll sind und auch die Beweglichkeit zu Fuß hoch sein muss („ability to operate in areas with restricted access"), die über 7 Tage vor Ort[2] durchgehend[3] kontinuierlich arbeiten können. Außerdem soll die Einheit auch mit Ausrüstung über den Lufttransport über Helikopter arbeiten können, d.h. Verladen und An- bzw. Aushängen von Außenlasten, das An- und Absitzen aus Hubschraubern, notfalls Abseilen sollte zumindest von einem Teil beherrscht werden. Mitgeführt werden müssen in jedem Fall tragbare Pumpen, Handwerkzeuge (Zusatzbeladungssatz Waldbrand), Wasserrucksäcke, Kupplungsadapter, 2 km Schläuche usw.

Um die Einheit auch mobil besser einsetzen zu können, sollte sie bei Bedarf auch über Fahrzeuge verfügen können, z.B.:

[1] Die französische Feuerwehr war 2007 mit einem Team mit ca. 60 Mann und wenigen Fahrzeugen in Griechenland im Einsatz. Damit wäre man ungefähr bei der Personalstärke an echten Einsatzkräften, die man auch für eine GFFF-V für den geforderten Schichtbetrieb für die permanent geforderten 20 Einsatzkräfte benötigt.

[2] 7 Tage vor Ort bedeutet, dass die An- und Abreise- sowie die Tauschzeiten der Einheiten dann noch dazu kommen!

[3] Durchgehend bedeutet: Ablösung im Schichtdienst mit 2 oder 3 Schichten über den 24 h-Tag muss möglich und durchgehend ausführbar sein!

Abb. 36: Vom Hubschrauber abgesessene Löschmannschaft (Foto: @fire)

- KdoW/ELW mind. geländefähig, besser -gängig
- 1 – 2 geländegängige Kleinfahrzeuge für Personal- und Materialtransport (z.B. Pickups, Transporter) und ggf. kleinen Aufsätzen mit Pumpe, Tank, Werkzeug
- 1 LF (10, oder 20-KatS) (geländegängig mit Zubehör wie Zusatzbeladungssatz Waldbrand, der sollte auch auf den TLF sein)
- 2 TLF (geländegängig und am besten mit geschützten Leitungen)
- 1 SW-KatS (mit großen B-Schlauchtragekörben)
- übliche Unterstützungsfahrzeuge für den Betrieb des Camps, die Versorgung der Einsatzkräfte usw.; vgl. Cimolino (2019)

Mit den in dieser SER beschriebenen Werkzeugen und Methoden sowie der dazugehörigen Ausbildung kann diese

Abb. 37: Eine Rucksackspritze wird zu Nachlöscharbeiten in schwierigem Gelände eingesetzt. (Foto: @fire)

Abb. 38: Mit TS und Zubehör (u.a. D-Schläuche) beladene Kraxe (Foto: @fire)

Anforderung erfüllt werden, wenn entsprechend ausgebildete und erfahrene Führungskräfte zur Verfügung stehen.

Zum Transport von Gerät und Material in schwerem Gelände helfen Kraxen (Rückentragen).

3.1.3 Persönliche Schutzausrüstung (PSA)

Die PSA muss die Einsatzkräfte beim Vegetationsbrand vor folgenden Gefahren schützen:

Feuer und Rauch:

- Hitze durch Strahlungswärme
- Glutpartikel durch Funkenflug
- Flammen durch mitgerissene brennende Gase

Mechanische Verletzungen:

- Vegetation (beim Gehen durch Buschwerk o.ä.)
- Umgang mit Werkzeugen (auch von anderen Einsatzkräften)

Die ideale Schutzkleidung zur Vegetationsbrandbekämpfung – insbesondere für die am Feuer tätige Löschmannschaft – besteht aus zwei Lagen:

- Eine eng anliegende, den Körperschweiß weiterleitende Schicht, z.B. in Form von langer Baumwoll-Unterbekleidung und
- einer flammhemmenden Schicht z.B. nach DIN EN 15614:2007-09[1].

Da dies natürlich nicht für die Kräfte im Ersteinsatz umsetzbar ist, eine unnötige körperliche Belastung der Einsatzkräfte aber zu vermeiden ist, reicht als Schutzkleidung bei dem ersten Löschangriff die übliche einlagige Feuerwehrschutzkleidung gemäß FwDV 1 bzw. DGUV Vorschrift 49 (bisher GUV-V C 53) § 14[2] (1) z.B. nach HuPF Teil 2 (Feuerwehrhose) und 3 (Feuerwehrjacke) bzw. DIN EN 469, Leistungsstufe 1 aus.

Spezialisierte Einheiten für die Vegetationsbrandbekämpfung werden dagegen v.a. auf diese Lage angepasste Kleidung verwenden, wie sie z.B. in der DIN EN 15614:2007-09 beschrieben ist. Deren Hauptunterschied zur HuPF Teil 2 bzw. 3 besteht v.a. in Arm- bzw. Beinabschlüssen, die enger schließbar sind sowie in

1 Schutzkleidung für die Feuerwehr – Laborprüfverfahren und Leistungsanforderungen für Schutzkleidung für die Brandbekämpfung im freien Gelände. Auch 2019 immer noch in der Fassung von 2007 aktuell.

2 In den früheren Ausgaben war dies der § 12.

Abb. 39: Zu viel Schutzausrüstung (Foto: Nord-West-Media, Osnabrück)

Abb. 40: Für eine offensiven Angriff zu wenig Schutzkleidung, um bei einem größeren Feuer oder längeren Flammen in vorderster Front zu stehen. Natürlich kann ein Einsatzleiter nach seiner Einschätzung der Gefahrenlage – wie hier – weniger PSA anordnen, weil die Lage dies erlaubt. (Foto: Davidovic, Düsseldorf)

einem hochstellbaren und verschließbaren Kragen, um ein Eindringen von brennbaren Gasen oder Funken bzw. Flammen zur blanken Haut vermeiden zu können.

Es ist mit wenig Aufwand und Anpassung der Leistungsbeschreibung für die HuPF 2 bzw. 3 Einsatzkleidung möglich, diese auch für die Anforderungen der Vegetationsbrandbekämpfung noch besser geeignet zu machen, in dem z.B. die verstellbaren Arm- und Beinabschlüsse sowie ein verschließbarer Kragen gefordert werden.

Es wird sich aber erfahrungsgemäß nicht verhindern lassen, dass Einsatzkräfte sich aus „gutem Willen“ oder weil sie nichts anderes (dabei) haben, mit Feuerwehrüberjacke und -überhose (z.B. HuPF Teil 1 und 4, EN 469 Leistungsstufe 2 = PSA zur Brandbekämpfung im Innenangriff!) ausrüsten.

Diese Einsatzkräfte sollten schnellstmöglich abgelöst werden bzw. zumindest die Feuerwehrüberjacke gegen eine „normale“ Einsatzjacke ausgetauscht werden. Das Weglassen jeglicher Oberbekleidung ist aber auch keine Lösung, weil hier z.B. schon leichter Funkenflug zu Verletzungen oder unkonzentrierten Handlungen führen kann!

Für bei Großbränden nachgeforderte oder spezialisierte überörtliche Einheiten empfiehlt es sich, die oben beschriebene Zweilagigkeit durch das Tragen langer Unterbekleidung in Verbund mit dem einlagigen Einsatzanzug zu erreichen.

Unterlassen bzw. unterbinden Sie das vorsätzliche Benässen der Schutzkleidung wegen des möglichen Heißdampfdurchschlages!

„Marscherleichterung“ ist möglich. Sie muss aber wohl überlegt (welches Risiko besteht an welcher Stelle) und konkret (für wen, wo bzw. ab wann?) angeordnet sein.

Augenschutz

Ein absolutes Muss in der Bekämpfung von größeren Wald- und Flächenbränden ist eine dicht schließende, beschlagfreie Schutzbrille, um die Augen vor Rauch, Funkenflug und Wärmestrahlung zu schützen. Viele der ohnehin vorhandenen THL- bzw. Rettungsdienst-Schutzbrillen sind hier immer noch besser geeignet, als keinen Augenschutz zu verwenden.

Kopfschutz

Offene Hautpartien (z.B. Hals) sind i.d.R. besser durch eine Flammschutzhaube als durch einen Nackenschutz am Helm zu schützen.

Für längere Einsätze empfiehlt es sich, einen möglichst leichten Helm mit Helmtuch (für den Schutz von Gesicht, Hals und Nacken) zu wählen. Dieser Helm muss natürlich nicht den gleichen Anforderungen wie ein Helm für den Innenangriff genügen. Umgekehrt darf ein entsprechender „leichter“ Waldbrandhelm dann **nicht** für den IA genutzt werden!

Im September 2012 wurde der Entwurf zur DIN EN 16471, Feuerwehrhelme für Wald- und Flächenbrandbekämpfung, veröffentlicht – und mündete in die EN 16471:2014, bzw. in die deutsche Fassung DIN EN 16471 Ausgabe 2015-03.

Atemschutz

Auch bei Vegetationsbränden entstehen selbst bei Abwesenheit anderer Brandstoffe bereits einige Atemgifte. Es sind dies v.a. die in der vfdb-Richtlinie 10/03 bzw. fürs Einsatzleiterhandbuch (Cimolino, 2019) beschriebenen Stoffe der *Tab. 3*.

Der Einsatz von Atemschutz ist eine außergewöhnliche hohe körperliche Belastung und wird bei lang andauernden Waldbrandeinsätzen nur kurz toleriert. In Verbindung mit einer dicht schließenden Brille ist eine Staubschutzmaske FFP 2 meistens ausreichend. Aus den USA und Kanada sind spezielle, in den Gesichtsschutz integrierte Partikelfilter für die Waldbrandbekämpfung bekannt. Für Deutschland wäre anzustreben, hier für die nächsten Jahre ähnliches zu untersuchen bzw. noch besser auch anzubieten.

Tab. 3: Entstehungsprodukte im Brandrauch organischer Stoffe.

Brandstoff-gruppe	Brandphase				Kalte Brand-stelle
	Entste-hungs-brand	Vollbrand	Brandbe-kämpfung	Nachlösch- und Abküh-lungsphase	
Cellulose (Holz, Papier, Zellstoffe)	CO_2, CO, H_2O	CO_2, CO, H_2O **Aldehyde**, Aromaten, PAK, Alkohole, Essigsäure, KW	CO_2, CO, H_2O **Aldehyde**, Aromaten, PAK, Alkohole, Essigsäure, KW	**Aldehyde**, Aromaten, PAK, Alkohole, Essigsäure, KW	(Aromaten), PAK

Die Mitnahme eines Atemanschlusses mit „Feuerwehr"- bzw. A2B2E2K2-P3-Filter als Fluchtgerät ist je nach Lage ggf. sinnvoll. Als geplantes Einsatzgerät ist die G 26.2 Atemschutztauglichkeit und eine entsprechende Geräteeinweisung erforderlich.

Pressluftatmer sollten nur dann verwendet werden, wenn gar nichts anderes zur Verfügung steht, aber der Einsatz von umluftunabhängigem Atemschutz geboten erscheint. Dies kann z.B. der Fall sein, wenn zusammen mit der Vegetation auch noch andere Brandstoffe wie z.B. Müll verbrennen.

Abb. 41: Geplanter Filtereinsatz bei einem größeren Moorbrand. Dafür kommen nur Einsatzkräfte mit mind. einer G 26.2-Untersuchung in Frage. (Foto: Südmersen)

Häufig kann durch richtige Wahl der Einsatztaktik, der Aufstellung der Mannschaften am Feuer, der Ausnutzung der Wurfweiten (egal ob Sandwurf oder Wasserstrahl) der Löschwerkzeuge die Notwendigkeit zum Tragen von Atemschutz vermieden werden. Verfügbar sollte Atemschutz aber bei Bedarf immer sein!

Schutzschuhe

Da die Böden in Wäldern oder Freiflächen generell uneben sind und immer die Gefahr des Umknickens besteht, empfiehlt sich die Verwendung von Schnürstiefeln. Diese müssen dann auch richtig geschnürt sein, nur so ist der Fuß enger umfasst und die Gefahr umzuknicken bzw. sich dabei zu verletzen deutlich geringer!

Da man sich teilweise länger in verbrannten Bereichen mit heißen Böden bzw. Glutnestern aufhalten muss, ist darauf zu achten, dass die Schuhsohlen hitzebeständig und ausreichend befestigt ist. Achten Sie darauf, dass Schutzschuhe der Bundeswehr oder aus dem Forst (z.B. von Unterstützungskräften von dort) i.d.R. nicht hitzebeständig sind!

Weitere Ausrüstungsgegenstände

Um sich gegenseitig bei plötzlich auftretenden Gefahren warnen zu können, sollte jede Einsatzkraft eine Signalpfeife mitführen.

Um eine Dehydrierung zu vermeiden, sollten Einsatzkräfte bis zu 1 Liter Flüssigkeit[1] pro Stunde in mehreren kleinen Portionen trinken. Dafür sind Einsatzkräfte regelmäßig abzulösen, oder aber mit Feldflaschen oder Trinksystemen auszustatten.

Abb. 42: Für die Vegetationsbrandbekämpfung optimierte Schutzkleidung einer Löschmannschaft mit spezieller Zusatzausrüstung (hier Rucksack mit Getränk, Fire Shelter). (Foto: @fire)

Darüber hinaus sollten den Einsatzkräften nach Bedarf Sonnenschutzmittel und Insektenabwehrmittel zur Verfügung stehen. Bei Einsätzen in der Dämmerung oder in der Nacht sind einsatzkraftbezogen Beleuchtungsmittel (Helmlampe, Taschenlampe, Knickkopflampe o.ä.) vorzusehen, um ein sicheres Arbeiten zu gewährleisten.

[1] Mineralwasser, Apfelschorle, Tee o.ä. – **Kein** Alkohol!

Abb. 43: Wenn Sie sich in Hängen oder gar Felsbereichen (links) für Nachlöscharbeiten sichern bzw. abseilen müssen, stellen Sie sicher, dass im Verlauf des Seiles keine Glut[1] liegt und verwenden Sie möglichst temperaturbeständigere Seile. In entsprechend exponierten Lagen ist doppelte Sicherung anzustreben. (Fotos: Kögler, Ottendorf)

3.2 Fahrzeuge zur Wald- und Flächenbrandbekämpfung

Eine Übersicht über Einsatzfahrzeuge zur Waldbrandbekämpfung inkl. von Fahrzeugen aus Europa finden Sie bei Jendsch (2009).

Fahrzeuge für den Einsatz in schwerem Gelände im Waldbrandeinsatz benötigen eine spezielle technische Ausführung. Diese umfasst möglichst

- Allradantrieb
- Spurgleiche Singlebereifung
- Differenzialsperren im Verteilergetriebe sowie in jeder Achse
- Tiefer Schwerpunkt
- Kurze Überhänge
- Große Bodenfreiheit
- Großer Rampenwinkel
- Große Überhangwinkel (vorn und hinten)
- Ausgewogene Gewichtsverteilung (möglichst 50/50 vorn/hinten; links/rechts)
- Niedriges Gesamtgewicht
- Geringer Bodendruck
- Geeignete Bereifung für das Einsatzgebiet! (Wenn die Böden dies erfordern ggf. mit der Fähigkeit, den Luftdruck verändern zu können!)

---

[1] Hochbinden der Seile mit Zwischensicherungen ist eine Möglichkeit, allerdings kann auch am Stamm ein Glutnest sein oder das Seil in ein Glutnest durchhängen!

- Pump & Roll-Fähigkeit, sofern der Einsatz am Feuer geplant ist
- Niedriger Aufbau
- Kurzes Fahrzeug
- (ggf. auch schmales Fahrzeug, wenn die Wege dies erfordern)
- (ggf. auch die notwendige Watfähigkeit, wenn Wasser durchfahren werden muss)
- (Seilwinden, wenn in schwerem Gelände autark gearbeitet werden soll[1]

An Ausrüstung sollte für alle Fahrzeuge zur Verfügung stehen:

- Stabile Gleitschutzketten möglichst für alle angetriebenen Räder für den Einsatz im Gelände, wenn der Einsatz dort vorgesehen ist
- Staubschutzmasken für die Besatzung
- Dichte Schutzbrillen für die Besatzung
- Atemschutzmasken mit A2B2E2K2-P3-Filter für die Besatzung (oder andere geeignete Fluchtmasken für diese Anwendung)

Für Führungskräfte ist in der Wald- und Flächenbrandbekämpfung bei den Fahrzeugen generell wichtig:

- Ist das Fahrzeug geländegängig, -fähig – oder keines von beiden?
- Welche Ausstattung ist tatsächlich darauf verlastet?
  Beginnend mit der DIN 14530-21:2006-04 (TLF 20/40(-SL)) kann ab ca. Ende 2005 z.B. auch bei normgerecht ausgestatteten Fahrzeugen nicht mehr davon ausgegangen werden, dass Saugschläuche auf TLF mitgeführt werden![2]

3.2.1 Löschfahrzeuge

Löschfahrzeuge sollten für die Vegetationsbekämpfung über ergänzende Beladung verfügen, wenn sie für derartige Einsätze verwendet werden sollen.

■ Zusatzbeladung zur Bekämpfung von Vegetationsbränden

Vorausgesetzt wird dabei:

- Weiteres Schlauchmaterial C und ggf. B inkl. Armaturen von Norm-Löschfahrzeugen
- Kettensäge mit Zubehör (mind. 2 x Schutzkleidung, Werkzeug, etc.)

[1] Sowohl um sich selbst befreien zu können, wie auch um Hindernisse vom Weg ziehen zu können. Eine Minimalausstattung an Anschlagmitteln gehört dazu!

[2] Gleiches gilt für LF in einzelnen Bundesländern bzw. den verschiedenen Feuerwehren!

- Schaufel, Dunghacke, Spaten aus Normfahrzeugen, ggf. je nach Boden auch Spitzhacke

Die Mindestausrüstung für die Waldbrandbekämpfung sollte bei Bedarf auf den Fahrzeugen ergänzt werden. Sie wird auch in der Zusatzbeladung für Löschfahrzeuge DIN 14800-18:2011-11, Beiblatt 10 (Beladungssatz J – Waldbrand) so aufgeführt:

- 5 x D (15m), ggf. in STK oder „Schnellangriffstasche“, besser 10 x D (15m)
- 2 x C-D-Übergangsstück
- 1 x C-DCD-Verteiler, besser 3 x C-DCD-Verteiler
- 2 x D Hohlstrahlrohre oder D-Mehrzweckstrahlrohre
- 1 x Wiedehopfhacke mit Schneidenschutz
- 2 x Waldbrand-/Feuerpatsche
- 2 x Rückentragespritze oder Löschrucksack, mit Befülleinrichtung (soweit notwendig)
- 10 x Partikelfiltrierende Halbmaske EN 149 FFP 2 R D)
- 3 x Schutzbrillen (geeignet auch für die Kombination mit Feuerwehrhelm)
- ggf. Anfahrhilfen (Sandblech)

Mit einem erweiterten Satz wie oben, aber dann mit insgesamt 10 D-Schläuchen und 3 C-DCD-Verteilern, lässt sich ein stationärer Löschangriff auf Bodenbrände mit einer Deckungsbreite von ca. 180 m durchführen (*vgl. auch Abb. 102*). Kombinieren Sie ggf. die Ausrüstung mehrerer Fahrzeuge (*vgl. Kap. 4*).

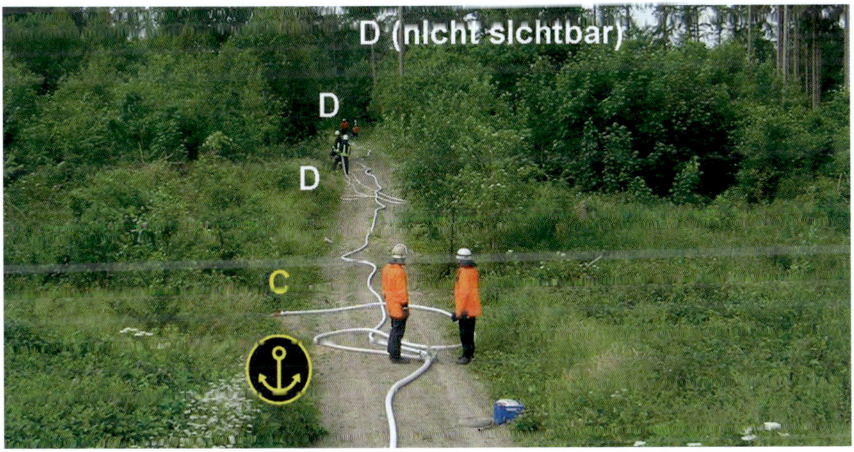

Abb. 44: Aufgebauter Löschangriff. Der Melder am Verteiler sichert gleichzeitig die Flanke mit einem C-Rohr. (Foto: Feuerwehr Osnabrück)

Ergänzend sollten zur Verfügung stehen:

- BB-CBC-Verteiler (statt normaler B-CBC), um unterbrechungsfrei einspeisen zu können, vgl. auch DE VRIES et al. (2004) und CIMOLINO, DE VRIES (2005).
- Feuerwehrschutzanzug nach FwDV 1 bzw. UVV Feuerwehren. (Überbekleidung zur Brandbekämpfung im Innenangriff ist i.d.R. für die Brandbekämpfung im Freien nur als Witterungsschutz (z.B. gegen Kälte) sinnvoll, im Hochsommer jedoch viel zu warm => Gefahr der Dehydrierung und des Wärmestaus.), *vgl. Kap. 3.1.3.*
- Wenn regelmäßig im unwegsamen schwierigen (steilen) Gelände gearbeitet wird, dann erleichtern Rückentragen („Kraxen“) die Arbeit. (*Abb. 38*)
- (Je nach Standort bzw. kalter Lage ggf. kleinere, leichtere) TS, ggf. mit „Schubkarrenrollen“ zur leichteren Bewegung bzw. Lafette oder Plattform mit höhenverstellbaren Füßen, um sie auch in einem Hang betreiben zu können.
- In Bereichen mit Absturzgefahr: Ausrüstung zur Absturzsicherung mit geeigneten (einigermaßen temperaturbeständigen!) Seilen!

Abb. 45: Ausgebildetes Personal kann bei bestimmten Einsatzlagen auch Laubgebläse sinnvoll zur Vegetationsbrandbekämpfung einsetzen. Dies funktioniert z.B. zum Freiblasen von Wundstreifen (Laub, etc), Erzeugen von Staubwolken zur Brandbekämpfung, Abschlagen der Flamme. Letzteres funktioniert nach Tests von @fire nur bei niedrigen Flammenlängen von max. 20 cm. (Foto: @fire)

- Ggf. Sonnenschutzmittel, -brille, Mückenschutz
- Ausreichend Getränke!

Beachten Sie die physikalischen bzw. hydraulischen Grenzen! Ein D-Rohr ist zwar beweglicher, kann aber natürlich keine größeren Wassermengen über viele Meter verlustfrei liefern! (*vgl. Abb. 46*)

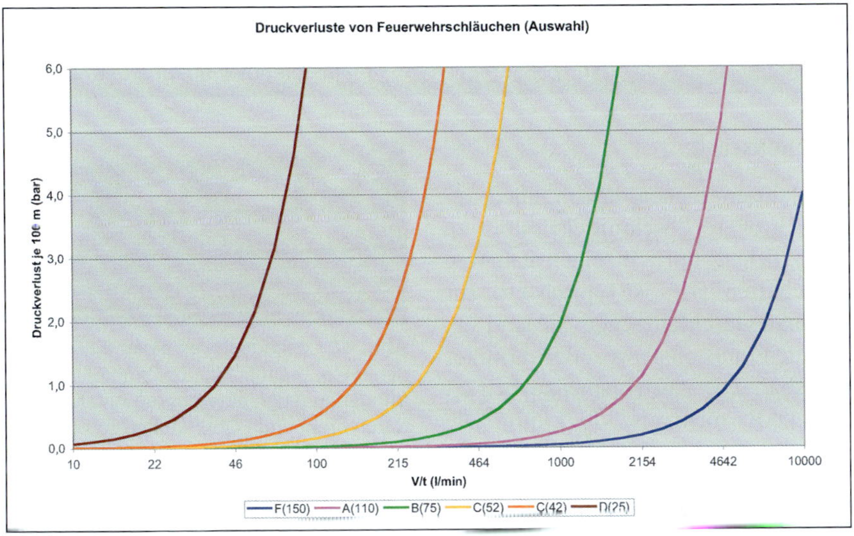

Abb. 46: Druckverluste je 100 m Schlauch in Abhängigkeit vom Durchfluss in der Ebene. (Tabelle: Kögler, Ottendorf)

■ Schutzmaßnahmen an Fahrzeugen

An Flughafen-, Sonder- bzw. Waldbrandtanklöschfahrzeugen werden teilweise Sprühdüsen an verschiedenen Stellen und zu verschiedenen Zwecken angebracht.

Sprühdüsen werden teilweise auch an Fahrzeugen verbaut, deren Einsatz bei ausgedehnten Wald und Flächenbränden vorgesehen ist. Sie dienen dem Eigenschutz durch Ablöschen der brennenden bzw. glühenden Bodenoberfläche beim Fahren.

Werden Sprühdüsen vorgesehen, muss das Fahrzeug über die „Pump&Roll-Fähigkeit“ verfügen.

Festzustellen ist, dass es offensichtlich recht wenig gesicherte Erkenntnisse über die wirksamste Form und Austrittsmenge gibt und viel auf Meinungen beruht. Hier wäre noch Forschungsbedarf über Sinn und Unsinn bzw. optimale Ausführungen für die verschiedenen Einsatzzwecke. Nach bisherigen Erkenntnissen aus der Praxis muss man aber die Löschwirksamkeit der Bodensprühdüsen beim Überfahren von Vegetationsbränden bezweifeln, es bleibt aber der Schutzeffekt für das Fahrzeug durch Niederschlagen der Flammen. Allerdings gibt es bei einigen Fahrzeugen die Möglichkeit, die Fahrzeugleitungen bzw. den Unterboden mechanisch zu schützen.

Für die Planung der taktischen Einsatzmöglichkeiten von Einheiten bzw. Fahrzeugen ist das Wissen um die technischen Fähigkeiten oft entscheidend!

Löschdüsen

Löschdüsen dienen dazu, einen relativ großen Löschmittelausstoß zu ermöglichen, um z.B. einen Fahrweg zu schaffen. Dies ist typisch z.B. für Flughafenlöschfahrzeuge. Sie sind v.a. an der Frontstoßstange oder darunter befestigt. Die Austrittsmenge beträgt hier i.d.R. mehr als 100 L/min. Die Austrittsform ist meist fächerartig.

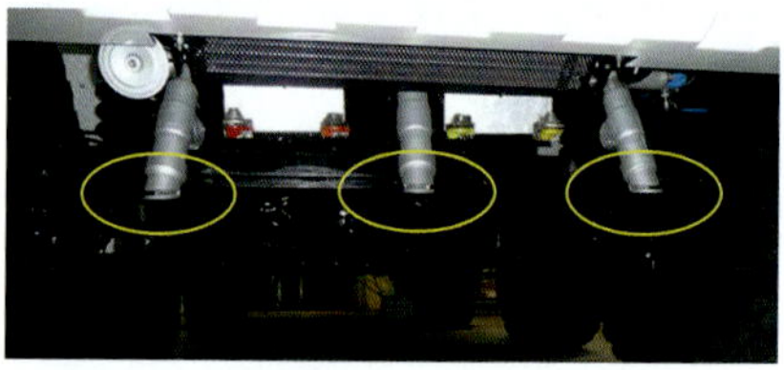

Abb. 47: Löschdüsen an einem FLF dienen dazu, breitflächig Löschmittel auszubringen, um ggf. eine sichere Anfahrt auch durch brennende Oberflächen zu bekommen. (Foto: Cimolino)

Gegen den Boden gerichtete Sprühdüsen sind wirkungslos gegen

- Wärmestrahlung auf das Fahrzeug von oben bzw. der Seite,
- offene Flammen unter dem Fahrzeug (im Stand),
- Wiederaufflammen nach dem Überfahren!

Schutzdüsen

Schutzdüsen dienen im Gegensatz zu den Löschdüsen nicht primär dem Ablöschen eines Feuers, sondern dem Eigenschutz des Fahrzeugs bzw. dessen Reifen[1].

[1] Für bestimmte Anwendungen (z.B. FLF mit Endgeschwindigkeiten deutlich über 100 km/h, Achslasten jenseits der üblichen StVZO-Werte) schreiben nach Informationen von Zawadke Reifenhersteller teilweise eine Wasserkühlung der Reifen bei längeren Fahrtstrecken oder extremen Belastungen vor. Dieser Zweck „Wasserkühlung der Reifen" bei extremen Belastungen hat nichts einer Reifenkühlungsnotwendigkeit bei Feuer zu tun. Auch normale Reifen halten im Gegensatz zu den serienmäßigen Versorgungsleitungen relativ lange einem Feuer oder Hitze stand!

Abb. 48: Bodenfeuer werden häufig in ihrer möglichen Ausbreitungsgeschwindigkeit und Richtungsänderung unterschätzt und können dann ungeschützte Einsatzfahrzeuge gefährden oder gar zerstören. Hier ein Einsatz in Düsseldorf, bei dem drehende Winde die Situation sehr schnell deutlich veränderten. Achten Sie auf die B-Leitung, die von der Fahrerseite jetzt mitten durchs Feuer führt. (Foto: Davidovic, Düsseldorf)

Die austretende Löschmittelmenge ist i.d.R. deutlich geringer als bei Löschdüsen. Ein echter Löscherfolg ist damit nicht möglich, weil dafür die Literleistung und Eindringtiefe (Achtung bei Bränden in Wald- oder Buschgelände!) nicht reicht. (An Industrielöschfahrzeugen werden diese Düsen teilweise auch eingesetzt, um brennbare Gase am Entzünden – z.B. an heißen Fahrzeugteilen – zu hindern.)

Aufbau- und Kabinensprüheinrichtungen werden teilweise an Fahrzeugen verbaut, deren Einsatz bei ausgedehnten Wald- und Flächenbränden sowie bei Objekten mit erwarteter hoher Strahlungswärme oder bei Produktaustritten in der chemischen Industrie (zum Schutz des Fahrzeugs vor Niederschlag von aggressiven Medien) vorgesehen sind. Sie schützen durch direktes Besprühen der Außenhaut vor thermischen Schäden an den heute häufigen Kunststoffbauteilen der Führerhäuser und schaffen ggf. eine letzte Fluchtmöglichkeit[1]. Üblicherweise werden nach Angaben von Zawadke dazu Leistungen von 1 – 1,5 L/m² Oberfläche angesetzt.

Abb. 49: Bei einem Getreidefeldbrand zerstörtes Löschfahrzeug. Bei diesem Einsatz wurden auch Einsatzkräfte verletzt! (Foto: Sven Bartsch, Oschatz)

[1] In Frankreich wurde ermittelt, dass bei Unfällen in Wald- bzw. Flächenbränden die Mehrzahl der Überlebenden sich in ihre Löschfahrzeuge retten konnte, während der Mehrzahl der tödlich verunglückten FA das nicht mehr gelang. Die Fahrzeuge haben deshalb weiße Türgriffe erhalten, um diese auch bei schlechter Sicht leichter finden zu können. Die Selbstschutzanlage wird vom Tanksumpf gespeist und mit einer elektrischen Pumpe von den Batterien betrieben, um auch bei Motorausfall noch einen letzten Schutz zu haben.

Aufbau- und Kabinensprüheinrichtungen sind wirkungslos gegen offene Flammen unter dem Fahrzeug (im Stand) sowie nur beschränkt wirksam gegen Bodenfeuer (während der Fahrt und im Stand)!

Wichtiger als Bodensprühdüsen ist für entsprechende Fahrzeuge (z.B. Waldbrand-TLF) in jedem Fall die sichere Auslegung der Fahrzeugtechnik. Dies bedeutet die gegen Flammen und Glut geschützte bzw. mindestens ummantelte Verlegung von Kraftstoff-, Elektrik- und v.a. auch Druckluftleitungen (der Bremsanlage!). Das ist allerdings für einige Fahrzeuge fast unmöglich bzw. fast unbezahlbar.

Es gibt sie in mehreren Ausführungen, die nach dem Anbauort unterschieden werden:

Abb. 50: Kabinensprüheinrichtung (und mechanischer Stoßschutz, Überrollbügel sind im Fahrzeug integriert!) an einem französischen Waldbrand-TLF. Hersteller Camiva auf Unimog U 5000. Beachten Sie die weiße Umrandung der Türgriffe, um diese bei schlechter Sicht leichter auffinden zu können. (Foto: Cimolino)

Abb. 51: Frontschutzdüsen haben üblicherweise einen fächerförmigen Strahl und sollen über die Fahrzeugbreite offene Flammen löschen. Beachten Sie aber, dass die Wärmestrahlung bzw. Flammenlänge ggf. weit länger wirkt, als die Wurfweite der Frontdüsen. (Foto: Cimolino)

Abb. 52: Fahrgestell- bzw. Technikschutzdüsen sollen empfindliche Fahrzeugkomponenten schützen und sind dazu entsprechend am Fahrgestell verteilt und i.d.R. auf die zu schützenden Teile gerichtet. (Sie haben je nach Anbauort meist kegel- oder fächerförmige Düsen.) (Foto: Cimolino)

- Frontschutzdüsen löschen offene Flammen bzw. schlagen diese nieder.
- Bodensprühdüsen sollen neues Entflammen unter dem Fahrzeug verhindern.
- Kabinen- (bzw. Aufbau-)schutzdüsen kühlen die Aufbauten durch Benetzung mit Wasser (relativ geringer Wasserdurchfluss, Verteilung rund um das Fahrzeug). Aufbauschutzdüsen können z.B. in ein Rohr oder einen Überrollbügel integriert sein. Sie sind v.a. in Frankreich verbreitet.
- Fahrgestell- bzw. Technikschutzdüsen kühlen die lebenswichtigen Leitungen (z.B. Kraftstoff, Elektrik, Hydraulik, Druckluft) moderner LKW, um zu verhindern, dass das Fahrzeug wegen eines hitze- bzw. feuerbedingten Schadens an einer Leitung zum Stillstand kommt, der dann zum Totalschaden führt.

Passive Schutzmaßnahmen

An entsprechenden Fahrzeugen können folgende passive Schutzmaßnahmen vorgesehen werden:

Abb. 53: Ummantelte (rot) hitze- bzw. flammengeschützte Leitungen an einem französischen Waldbrand-TLF (Fa. Camiva). (Foto: Cimolino)

- Schutzeinrichtungen (Ummantelungen) für die Versorgungsleitungen (Luft, Elektrik, Kraftstoff)[1].
- Mechanischer Schutz empfindlicher Teile (Ölwanne, Leitungen, Differenziale).
- Robuste Lackierung (häufig werden Flächen mit „Hammerschlaglackierung“ oder weichen Unterbodenschutzlacken versehen, um Beschädigungen durch Äste vorzubeugen).
- Stabile Geräteraumverschlüsse (häufig Klappen oder Türen anstelle Rollladenverschlüsse).

Siehe auch Cimolino, Zawadke et al. (2005).

Nicht an allen Fahrzeugen lässt sich alles umsetzen! An einigen wenigen Fahrgestellen gibt es serienmäßig entsprechende Sonderausstattungen (z.B. Unimog U 4023 und 5023).

[1] Es sind schon mehrere (T)LF bei Einsätzen abgebrannt, weil von kleineren Bodenflammen die Versorgungsleitungen zerstört wurden, *vgl. Abb. 2 und 49.*

Löschfahrzeuge als Mannschafts- und Geräteträger

Als Mannschafts- und Geräteträger zur Waldbrandbekämpfung bieten sich v.a. geländegängige Löschfahrzeuge an. Sie verfügen über eine ausreichend große Kabine für die Mannschaft und eine gute Grundausrüstung an Schläuchen, Arbeitsgeräten und eine Feuerlöschpumpe und bei vernünftiger Planung ausreichend Stauraum und Gewichtsreserve für die relativ geringe Zusatzbeladung „W“, vgl. oben.

Abb. 54: LF 10/6 mit Allradantrieb (Foto: Nolting, Extertal)

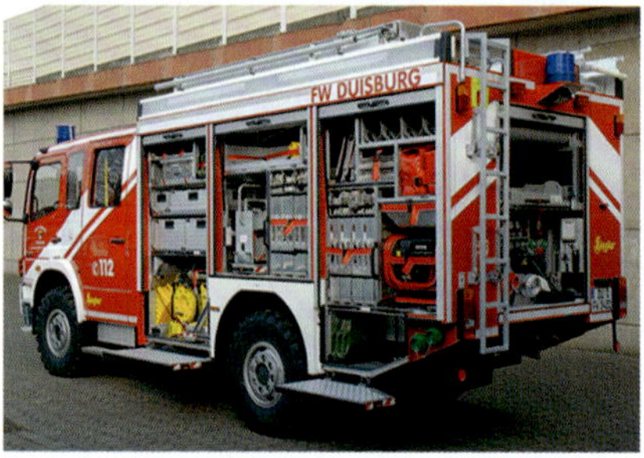

Abb. 56: (H)LF 20(/16) können grundsätzlich auch fahrgestellseitig ertüchtigt werden. Sofern allerdings normkonform Heckhaspeln mitgeführt werden, ist dies im Gelände kontraproduktiv. Die Feuerwehr Duisburg hat die Heckhaspeln daher entfallen lassen. (i.d.R. kann je nach Aufbaugröße aber dadurch nicht die volle Normbeladung verlastet werden oder der Aufbau wird sehr hoch, z.B. mit Dachkästen). (Foto: Cimolino)

Derartige Fahrzeuge können z.B. auf Basis des LF 10(/6) realisiert werden. Auch LF 20-KatS können so leicht ertüchtigt werden.

Abb. 55: LF 20-KatS (kommunaler Ersatz für die LF 16-TS bei der Feuerwehr Düsseldorf). (Foto: Truckenmüller, Düsseldorf)

Abb. 57: TSF auf z.B. Pinzgauer sind hoch geländegängig und können auch in sehr schwierigem Gelände eingesetzt werden. (Foto: Vogler, Oberstdorf)

(H)LF 20(/16) können grundsätzlich auch fahrgestellseitig ertüchtigt werden. Sofern allerdings normkonform Heckhaspeln mitgeführt werden, ist dies im Gelände kontraproduktiv. Ausserdem ist die Gewichtsverteilung beim (H)LF 20(/16) für den schweren Geländeeinsatz i.d.R. problematischer als beim LF 10(/6).

Prinzipiell können natürlich abhängig von den topographischen Verhältnissen für einige Aufgaben (z.B. Errichten und Betreiben von Wasserentnahmestellen bzw. -übergabepunkten) auch andere Fahrzeuge dazu herangezogen werden.

Entscheidend ist, dass die notwendigen Gebiete erreicht werden können, um nicht schon auf dem Anmarsch unnötig die physischen Reserven der Einsatzkräfte zu verbrauchen.

■ Tanklöschfahrzeuge

Tanklöschfahrzeuge dienen vornehmlich zur Durchführung eines Schnellangriffs und zur Wasserversorgung im Pendelverkehr.

Leider hat die Entwicklung in den letzten Jahrzehnten dazu geführt, dass neu beschaffte TLF eher als universale Erstangriffsfahrzeuge konzipiert werden und somit Fahrzeuge, die uneingeschränkt für die Waldbrandbekämpfung verwendet werden können, nur noch sehr selten sind. Die Mehrzahl der TLF 8W, die z.B. nach den Erfahrungen des Waldbrandes in Niedersachen von 1975 angeschafft wurden, sind oft weit über 30 Jahre alt. Gleichwertige Fahrzeuge werden aber noch sehr wenig ersatzbeschafft. Erst seit Mitte 2008 wurden aufgrund dieser Situation wieder normative Überlegungen angestellt, bewusst kleine Fahrzeuge zu planen. Die Normung hat darauf reagiert und mit den TLF 2000 bewusst eine Klasse eingeführt, die kleine, kompakte, wendige, geländegängige und dabei relativ preiswerte TLF ermöglicht. Auf Basis der TLF 3000 ist es möglich, ein klassisches Waldbrand-TLF aufzubauen.

Daneben ergibt sich die Problematik, dass der Einsatzwert von Fahrzeugen zur Waldbrandbekämpfung nur noch schwer einzuschätzen ist. Hier sollte insbesondere bei den spezialisierten Einheiten zwischen Angriffs-TLF und Zubringer-TLF unterschieden werden. Angriffs-TLF müssen geländegängig sein und über die Pump&Roll-Fähigkeit verfügen. Alle anderen TLF sind als Zubringerfahrzeuge für den Pendelverkehr zu verwenden (vgl. zum doppelten Pendelverkehr de Vries (2004) sowie Kap. 4.3.7, Abschnitt Pendelverkehr).

Angriffs-TLF („TLF-W“)

Wald- und Flächenbrände können sich schnell entwickeln. Insbesondere die ggf. weit nach vorne stoßenden Angriffsfahrzeuge benötigen daher je nach Einsatzgebiet und der gewählten Taktik entsprechende technische Schutzmaßnahmen, *vgl. Kap. 3.2.1*, Abschnitt Schutzmaßnahmen an Fahrzeugen.

Fahrzeuge, die in vom Feuer gefährdete Bereiche oder über noch glimmende Bereiche bewegt werden sollen, benötigen spezielle Ausrüstungen.

Abb. 58: Waldbrand-TLF der Fa. Camiva auf Unimog U 5000. (Foto: Cimolino)

Kennzeichnende Eigenschaften solcher „reinen" Waldbrandfahrzeuge sind i.d.R.:

Abb. 59: TLF 3000-W der Feuerwehr Düsseldorf auf U 5000, mit Druckzumischanlage und Dachwerfer bzw. manuelles Rohr (analog den Fahrzeugen für die Bundeswehr) an Dachluke (vgl. alte TLF 8W in Niedersachsen). (Foto: Cimolino)

- Kompaktes, wendiges, robustes, allradgetriebenes Fahrgestell mit größtmöglicher Traktion (Sperren in allen Achs- und Längsdifferentialen und mit Untersetzungsgetriebe).
- Pump&Roll-Betrieb der Löschanlage zum Löschen während langsamer Fahrt. Dazu werden kleine Wasserwerfer oder von Hand bediente Strahlrohre eingesetzt, die oft auch von außenliegenden Bedienplätzen oder über Dachöffnungen bedient werden können.
- Schutzeinrichtungen der Kabine gegen Überschlag des Fahrzeugs bzw. umstürzende Bäume (alternativ entsprechend stabiles Führerhaus!).
- Schutzeinrichtungen (Ummantelungen) für die Versorgungsleitungen (Luft, Elektrik, Kraftstoff)[1].
- Ggf. Eigenschutz durch Wassersprüheinrichtungen für Fahrgestell, Kabine.

[1] Es sind schon mehrere TLF bei Einsätzen abgebrannt, weil von kleineren Bodenflammen die Versorgungsleitungen zerstört wurden.

Abb. 60: TLF 2000 gibt es auf Transporter-, mittleren LKW-Fahrgestellen (hier auf Unimog U 20 bzw. Iveco Daily 4x4). (Foto: Cimolino und Zawadke, Neu-Ulm)

- Robuste Lackierung (häufig werden Flächen mit „Strukturlackierung“ oder weichen Unterbodenschutzlacken versehen, um Beschädigungen durch Äste vorzubeugen).
- Stabile Geräteraumverschlüsse (häufig Klappen oder Türen anstelle von Rollladenverschlüssen).

Siehe auch Cimolino, Zawadke et al. (2005).

Abb. 61: TLF-W der BF Darmstadt als ggf. gutes Zubringer TLF bzw. auch noch als Angriffs-TLF. (Foto: Gemperlein, Heppenheim)

TLF-W sind absolut ungeeignet als Erstangriffsfahrzeuge zur Gebäudebrandbekämpfung oder technischen Hilfeleistung, weil dafür weder ausreichend Personal (vgl. FwDV 7) noch Material (vgl. z.B. die Beladung eines LF 8/6 bzw. LF 10(/6)) vorhanden ist. Allein Wasser ist noch kein Argument dafür, laufend gegen Sicherheitsregeln zu verstoßen[1].

TLF-W sind für den „normalen“ Pendelverkehr aufgrund ihrer besonderen (und seltenen) technischen Ausrüstung zu kostbar bzw. sogar weniger geeignet, weil

[1] Selbst bei der Kombination LF 8 (ohne Wasser), TLF 8(W) und MTF ist das LF 8 das geeignetere Erstangriffsfahrzeug, das mit wenig Mehraufwand zur alten Normausstattung (z.B. Schlauchtragekörbe, Hohlstrahlrohre) erheblich im Einsatzwert gesteigert werden kann. 1/5 im LF 8 und 1/1 im TLF 8(W) ist weit schlagkräftiger – und das TLF steht dann immer noch für den Pendelverkehr zur Verfügung – als 1/2 im TLF und 1/5 bzw. 1/8 im LF 8 hinterher, zumal im zweiten Fall neben dem Schnellangriff des TLF 8(W) i.d.R. ein zweiter „richtiger“ Angriff über Verteiler und C-Rohre aufgebaut werden muss.

Abb. 62: Wirklich geländegängige G-TLF (hier auf Tatra) sind sehr selten und wenn, dann eher in den neuen Bundesländern anzutreffen. (Foto: Zawadke, Neu-Ulm)

sie über sehr gute Geländeeigenschaften verfügen, aber i.d.R. einen relativ kleinen Löschwasserbehälter haben. Sie sollten daher v.a. für den doppelten Pendelverkehr (nach vorn) bzw. zum Ablöschen von Glutnestern o.ä. im Schadensgebiet eingesetzt werden, vgl. de Vries et al. (2004).

Deutsche TLF verfügen i.d.R. über keinen Pumpensumpf mit eigener Elektropumpe für die Entnahme eines Notvorrats von ca. 300 L wie die französischer Waldbrand-TLF. Hier empfiehlt es sich, für den aktiven Löscheinsatz bei entsprechend riskanten Lagen auf die völlige Entleerung zu verzichten, um ggf. eine Reserve zu haben. Auch hier wird jedoch eine entsprechende Ausbildung benötigt, um damit sinnvoll im Notfall umgehen zu können. – Viel besser ist es jedoch, erst gar nicht in so eine Situation zu geraten!

Zubringer-TLF

Große TLF ((P)TLF 4000, TLF 24/50, TLF 20/40-SL, G-TLF) können aufgrund ihres Gewichts im Gelände und auch auf engen Waldwegen nur sehr beschränkt eingesetzt werden. Sie können das auch nur dann, wenn sie über die entsprechenden Fahrgestelle (Allrad, Sperren, ausreichende Bodenfreiheit) verfügen. Das ist nicht immer der Fall!

Abb. 63: Auch auf anderen Fahrgestellen (hier MB Zetros) können solche geländegängigen G-TLF aufgebaut werden. (Foto: Zawadke, Neu-Ulm)

Selbst mit Allradantrieb und Sperren handelt es sich dabei dann um ein Fahrzeug, das 18 t oder deutlich mehr wiegt, auf der Hinterachse mehr als 10 t Achslast hat und i.d.R. zwillingsbereift ist sowie fahrgestellabhängig eine Höhe von normkonform bis zu 3.500[1] mm (oder außerhalb der DIN sogar darüber!) erreichen kann. Ein Einsatz in wirklichem „Gelände" ist damit nur sehr eingeschränkt möglich!

Prinzipiell lässt sich mit (P)TLF 4000, TLF 24/50 bzw. TLF 20/40-SL die Zeit bis zum Aufbau einer funktionierenden Wasserversorgung mit Schläuchen überbrücken, wenn diese zeitnah zur Verfügung stehen bzw. das überhaupt möglich ist.

Abb. 64: Das TLF 24/60 der BF Osnabrück von Schlingmann auf MB Actros 1841 AF verfügt über 6.000 l Wasser, 1.000 l Schaummittel, Druckzumischanlage und eine HD-Pumpe sowie einen Funk-ferngesteuerten Werfer. Es wiegt deutlich über 18 t und muss daher mit einer Ausnahmegenehmigung gefahren werden. Im schweren Gelände ist der Einsatz grundsätzlich aufgrund des hohen Schwerpunkts und des hohen Gewichts bei relativ geringer Reifenfläche problematisch! (Foto: Feuerwehr Osnabrück)

1 Ggf. dadurch Probleme mit den Stellplätzen!

Sie sind gut für die Wasserversorgung im Pendelverkehr geeignet, vgl. DE VRIES et al. (2004) bzw. Kap. 4.3.7, Abschnitt Pendelverkehr.

Die Fahrzeuge sind absolut ungeeignet als Erstangriffsfahrzeuge zur Gebäudebrandbekämpfung oder technischen Hilfeleistung, weil dafür weder ausreichend Personal (vgl. FwDV 7) noch Material (vgl. z.B. die Beladung eines LF 8/6 bzw. LF 10(/6)) vorhanden ist. Allein Wasser ist noch kein Argument dafür, laufend gegen Sicherheitsregeln zu verstoßen, s.o.

Abb. 65: AB Tank bzw. „-TLF" geraten immer mehr in „Mode", um TLF 24/50 zu „ersetzen". Im Einsatzwert besteht ein erheblicher Unterschied und die WLF + AB Tank werden im Gelände große Probleme haben, vgl. DE VRIES et al. (2004); CIMOLINO, ZAWADKE et al. (2005). Hier zwei AB Tank der Feuerwehr Osnabrück bei einer Waldbrandübung, die dies einmal mehr bestätigte. (Foto: de Vries, Hamburg)

Der Einsatz der Wasserwerfer dieser Fahrzeuge macht nur Sinn, wenn sicher eine ausreichend leistungsfähige Löschwasserversorgung (auch über Pendelverkehr) aufgebaut werden kann, um den Wasserbedarf decken zu können. I.d.R. ist die verfügbare Leistungsklasse dieser Werfer (oft ca. 2.000 L/min) für die Bekämpfung von Wald- und Flächenbränden **nicht** sinnvoll!

Werfer mit angepasster Leistung können aber sinnvoll zum Brechen schneller Feuerfronten von Flächenbränden genutzt werden.

WLF mit AB-Tank sind im Gelände grundsätzlich nicht zu empfehlen. Ihre Wendigkeit ist noch schlechter als die von (P)TLF 4000 o.ä. und von einer Geländegängigkeit sind sie mit wenigen Ausnahmen weit entfernt. Selbst bei idealem Allradfahrgestell liegt der Schwerpunkt dieser Fahrzeuge aufgrund der Rahmenkonstruktion immer höher als der von konventionellen Feuerwehrfahrzeugen mit vergleichbarer Beladung.

Allrad-WLF sind in dem Zusammenhang nur als Nachschubfahrzeuge im Gelände geeignet, nicht jedoch als Ersatz für ein TLF im Gelände[1].

[1] I.d.R. fehlen die Sonderlöschmittel, die Bedienung ist aufgesattelt oft problematisch. Die Fahreigenschaften v.a. im Gelände sind aufgrund des hohen Schwerpunkts und noch höheren Fahrzeuggesamtgewichts problematisch.

Abb. 66: Landrover 130CC mit Waldbrandaufsatz der Feuerwehr Düsseldorf. (Foto: Cimolino)

Abb. 67: Iveco SCAM mit Geräte- und Pumpenaufsatz von Camiva als Muster für den italienischen Katastrophenschutz. (Foto: Cimolino)

Andere Löschfahrzeuge

Kleinfahrzeuge

Auf Basis von geländegängigen Pick-ups oder Klein-LKW lassen sich multifunktional verwendbare Einsatzfahrzeuge realisieren, die z.B. zum Personal- und Materialtransport oder als Führungsfahrzeuge in vorgeschobenen Bereichen genutzt werden können.

Splittergeschützte Fahrzeuge

Einige Gebiete mit hoher Waldbrandgefahr haben besondere Gefahren durch Munitionsreste (aus Kriegen oder von ehemaligen bzw. immer noch aktiven Truppenübungsplätzen). Hier kann der Einsatz von splittergeschützten Lösch- bzw. Unterstützungsfahrzeugen z.B. auf Basis von ehemaligen Panzerfahrzeugen sinnvoll sein, weil eine reine Waldbrandbekämpfung aus der Luft i.d.R. nicht ausreichend ist.

Abb. 68: Geschützte Fahrzeuge sind z.B. im Bereich von ehemaligen nicht (vollständig!) munitionsgeräumten Schlachtfeldern oder Truppenübungsplätzen zur Unterstützung der Brandbekämpfung aus der Luft notwendig. Achtung. Die gepanzerten Fahrzeuge schützen zwar gegen viele Formen von Sprengmitteln, aber nicht gegen alle. Reißt eine Kette oder wird diese durch ein Sprengmittel schwer beschädigt, dann muss es für den Einsatz im gesperrten Bereich ein Rettungskonzept (z.B. durch weitere ähnliche Fahrzeuge) geben. (Foto: Cimolino)

Abb. 69: Kässbohrer-Fireflex als autarkes LF für schweres Gelände (links) sowie ein Raupenfahrzeug auf Pisten-Bully auch zum Transport von Personal und Material in Moorgebieten (rechts) werden z.B. auf Truppenübungsplätzen der Bundeswehr genutzt. (Foto: Kässbohrer und Zawakde, Neu-Ulm)

Sonstige Kettenfahrzeuge

In Gebieten mit besonderen Anforderungen aufgrund der nicht-tragfähigen bzw. zu schützenden Böden (z.B. Sanduntergrund, Berghänge, Moor, Heide) kann es sinnvoll bzw. sogar notwendig sein, Fahrzeuge mit breiten Ketten einzusetzen, um bestimmte Bereiche erreichen zu können.

Abb. 70: Kettenfahrzeuge mit Kabinen- und seitlichem Kettenschutz werden v.a. in den USA in bestimmten Bereichen mit großem Erfolg verwendet. (Foto: Südmersen)

Das gilt auch für Unterstützungsfahrzeuge, wie z.B. Zugfahrzeuge für Waldbrand- oder Pflanzungspflüge, Grabenfräsen, Basisfahrzeuge für Bohrgestänge (um z.B. tiefer liegende brennende Torfschichten erreichen zu können).

3.2.2 Führungsfahrzeuge

■ Kommandowagen (KdoW)

Führungsfahrzeuge der Zugführer der Waldbrandeinheiten bzw. mobile Erkundungs-KdoW einer Einsatzleitung sollten grundsätzlich geländegängig sein.

Jeder KdoW benötigt mindestens einen Fahrer als Ergänzung zum Fahrzeugführer.

Abb. 71: KdoW auf LR Defender 110 einer französischen Waldbrandeinheit. (Foto: Cimolino)

Einsatzleitwagen 1 (ELW 1)

ELW 1 für Waldbrandeinheiten sollten über Allradantrieb und die volle Normausstattung (v.a. zwei Funkgeräte für den Fahrzeugfunk, 4 m-Band bzw. künftig Netzbetrieb (TMO) im Digitalfunk) verfügen.

Als Besatzung sollte neben dem Führer (potenzieller Abschnittsleiter) mindestens ein Fahrer und ein Führungsassistent zur Verfügung stehen.

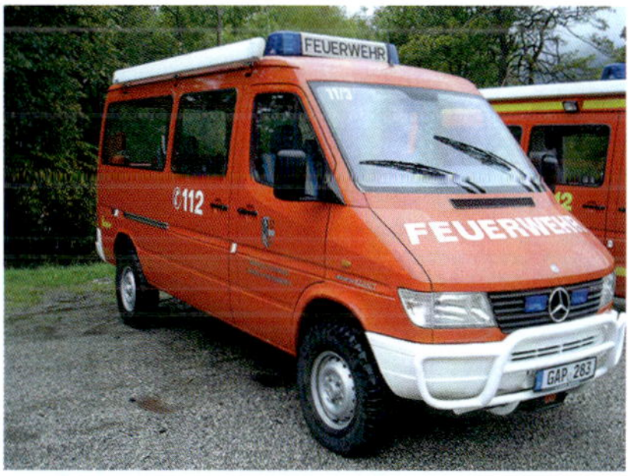

Abb. 72: MZF (die bayerische Version eines einfachen ELW 1) mit Allradantrieb und Geländebereifung. (Foto: Cimolino)

Einsatzleitwagen 2 (ELW 2) o.ä.

Waldbrände benötigen i.d.R. eine stabsmäßige Führung durch eine Technische Einsatzleitung (TEL) vor Ort aus einem ELW 2 o.ä.

ELW 2 brauchen dazu i.d.R. keinen Allradantrieb, weil sie normalerweise auf befestigten und ausreichend großen Plätzen aufgebaut werden.

Bei Abrollbehältern (Einsatzleitung, Führung etc.) muss ggf. der Aufstellort auf unbefestigten Flächen sorgfältig ausgesucht, oder unterbaut werden.

3.2.3 Andere Fahrzeuge

Kräder, Quads o.ä.

Größere Waldbrandlagen benötigen i.d.R. Erkunder bzw. Lotsen. Hierfür bieten sich bewegliche kleine Fahrzeuge, z.B. Kräder oder Quads an.

Erliegen Sie nicht der Versuchung, Mini-LF aus diesen Fahrzeugen machen zu wollen. Das ist unweigerlich zum Scheitern verurteilt!

Achten Sie auf die richtige Schutzkleidung, die notwendige Kommunikationstechnik sowie v.a. die ausreichende Fahrpraxis der potenziellen Fahrer.

Beachten Sie, dass das Fahren dieser Fahrzeuge im Gelände statt auf Straßen weit schwieriger und gefährlicher ist als das mit PKW oder LKW!

■ Nachschubfahrzeuge

Fahrzeuge zur Versorgung der Einsatzkräfte müssen diese erreichen können, wenn die Einsatzkräfte nicht mit ihren Fahrzeugen zu Versorgungspunkten fahren können.

Die Versorgungsfahrzeuge benötigen dementsprechend möglicherweise Allradantrieb und entsprechende Ladungssicherungsmittel, um auch im Gelände einen sicheren Transport durchführen zu können.

Beachten Sie, dass die Benutzung von Ladebordwänden mit Roll- oder Pallettenhubwagen bei Neigungen schwierig bzw. sehr gefährlich ist!

Abb. 73: SW bzw. GW-L2 mit Allradantrieb können auch im Gelände fahren. Achten Sie auf ausreichende Ladungssicherung und beim Abladen über eine Ladebordwand auf (v.a. seitliche) Neigungen! (Foto: Kujon, Düsseldorf)

Abb. 74: Fahrzeug zum Nachführen spezieller Ausrüstung einer Hubschrauber-Löschmannschaft „HeliTac-Crew". (Für die Einrichtung und das Betreiben von Hubschrauberlandeplätzen werden seit einiger Zeit z.B. auch in Österreich entsprechende Fahrzeuge beschafft.) (Foto: @fire)

MTF mit Allradantrieb (ähnlich z.B. dem Fahrzeug in Abb. 72) können für den Personaltausch und bei entsprechender Ausrüstung mit Ladungssicherungsmöglichkeiten zum Transport z.B. von Verpflegung oder Treibstoff in Kanistern genutzt werden.

■ Rettungsdienst

Für den Einsatz bei größeren Wald- oder Flächenbränden sollten Rettungsdienstfahrzeuge zum Eigenschutz zur Verfügung stehen, die die Einsatzkräfte möglichst auch erreichen können. Je nach Topographie sollten diese Fahrzeuge über Allradantrieb verfügen!

■ Transporthilfsmittel

Selbstfahrende Geräteträger z.B. mit Kettenlaufwerken sind in schwer zugänglichen Bereichen ggf. eine wertvolle Transporthilfe.

Achten Sie auf die Eignung für die vorgesehene Topographie (z.B. tiefer Schwerpunkt, Breite der Ketten, Steigfähigkeit) und eine möglichst einfache Bedienung.

Seit einigen Jahren befinden sich auch multifunktionale Trägerplattformen mit Fernsteuerungen in der Entwicklung bzw. Umsetzung, die künftig auch in bestimmten Bereichen der Waldbrandbekämpfung (z.B. in der Nähe von Munitionsverdachtsflächen) mit Fernsteuerungen eingesetzt werden könnten.

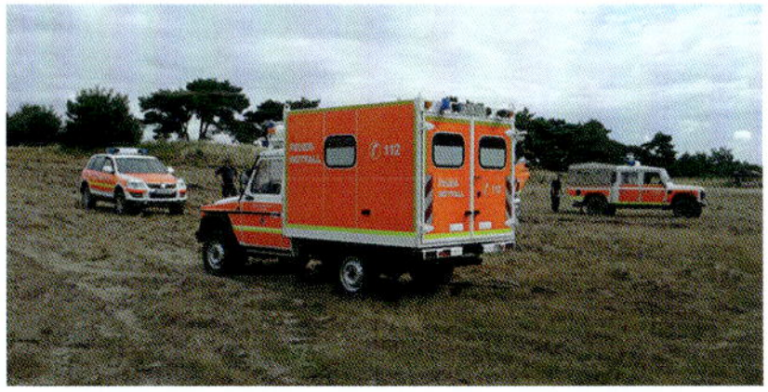

Abb. 75: Ehemaliger KrKW (San-Wolf) der Bundeswehr im Katastrophenschutz der Stadt Düsseldorf hier zusammen mit einem geländegängigen KdoW (VW Touareg) und einem MZF mit Zusatzbeladung Waldbrand (LR 130CC). (Foto: Cimolino)

Abb. 76: Iron Horse als Geräteträger für z.B. TS und Schläuche. (Foto: Kögler, Ottendorf)

Abb. 77: Trägerfahrgestell mit Raupen für multifunktionale Anwendungen. (Foto: ATG – Across the Ground, Dreieich)

■ Land- bzw. forstwirtschaftliche Maschinen

(Leistungsfähige) Traktoren, Pflüge, Boden- bzw. Grabenfräsen, Holzvollernter können bei Einsätzen wertvolle Hilfe leisten.

Die Maßnahme über eine definierte Strecke dauert immer länger als erwartet! Achten Sie grundsätzlich auf ausreichend großen Abstand, damit Sie nicht vom Feuer überrollt werden!

Die Bedienung der Geräte erfordert spezielle Kenntnisse und sollte daher von entsprechend geschultem Personal übernommen werden. Dieses verfügt i.d.R. über keine Feuerwehrausbildung oder Kommunikationsmittel. Stellen Sie daher ggf. FA zur Begleitung bzw. Kommunikation ab.[1]

Traktoren mit z.B. Güllefässern können viele Gebiete erreichen, wo normale Löschfahrzeuge schon lange nicht mehr fahren können. Lassen Sie die Behälter vorher möglichst gut spülen, weil sonst die Pumpensiebe, Pumpen bzw. Strahlrohre zusetzen können.

Abb. 78: Dieser Wundstreifen auf Sizilien[1] wurde von einem Traktor mit einem mehrscharigen Pflug angelegt und schützt ein Feld vor dem Flächenbrand (abgebrannte Fläche sowie verfärbte Bäume sind dahinter zu sehen). (Foto: Cimolino)

Abb. 79: Wasser aus Güllefässern sollte vor Ort in Auffangbehälter o.ä. umgefüllt werden und nicht direkt mit A-Saugschläuchen entnommen werden. Durch die Verwendung eines A-Saugkorbes mit Drahtsieb können so grobe Verunreinigungen vermieden werden. (Foto: Feuerwehr Riedenburg)

Achten Sie auf die richtige Schutzausrüstung und den Gefahrenbereich!

---

1 Wird auf Sizilien sowohl zur Vorbereitung geplanter Abbrennaktionen im Zuge der dort jahrhundertelang üblichen Düngung mit Asche, wie auch als Gegenmaßnahme bei Flächenbränden genutzt.

Baumaschinen, Erdarbeitsgeräte

Radlader, Teleskoplader oder Geländestapler können für vielfältige Einsatzaufgaben (z.B. Logistik, behelfsmäßigen Wegebau oder bedingt auch für Schneisen[1]) genutzt werden.

In der Entwicklung befinden sich auf Basis ferngesteuerter Plattformen mit Raupenkettenfahrwerken auch hierfür multifunktionale Anwendungsmöglichkeiten, *vgl. Abb. 77.*

Zum einigermaßen schnellen Anlegen von Wundstreifen oder Wegen werden schwere Kettenfahrzeuge, wie Raupen oder Bergepanzer, oder geländegängige große Radlader (z.B. auch vom THW) benötigt.

Erfassen Sie entsprechende Fahrzeuge bzw. Geräte in näherer und ggf. auch weiterer Umgebung mit ihren jeweiligen Alarmierungswegen und -möglichkeiten.

Beachten Sie, dass zur Bedienung eine entsprechende Schulung bzw. Qualifizierung notwendig ist. Auch hier verfügt die Besatzung i.d.R. über keine Feuerwehrausbildung oder Kommunikationsmittel. Stellen Sie daher ggf. FA zur Begleitung bzw. Kommunikation ab.

Abb. 80: Teleskoplader können vielfältig verwendet werden. Mit dieser Schaufel mit Schuttgreifer kann beispielsweise auch abgeschnittenes Buschwerk etc. gut bewegt werden. (Foto: Cimolino)

Abb. 81: Das Anlegen von Wundstreifen mit schwerem Gerät ist in den seltensten Fällen eine sinnvolle Maßnahme; wenn sie jedoch erforderlich ist, sollten Standorte und Erreichbarkeit dieser Geräte bekannt sein. Im Bild ein Dozer (Schub- bzw. Schürfraupe) der Forstbehörde in Florida. (Foto: Südmersen)

[1] Bei ausgewachsenen Bäumen ist das nur mit sehr großen Maschinen oder z.B. Bergepanzern möglich. Diese Maßnahme benötigt entsprechend viel Vorlauf- und auch viel Umsetzungszeit und kann daher nur sehr selten sinnvoll angewandt werden. Außerdem muss das brennbare Material komplett bis auf den Erdboden und ausreichend breit weggeschoben werden. Ein Vollfeuer kann solche Schneisen trotzdem leicht überspringen.

Abb. 82: Schon auf der Interschutz 2010 waren mehrere Geräte unterschiedlicher Firmen ausgestellt; seither tauchen auf den Messen immer mehr dieser Geräte auf. (Fotos: Cimolino)

3.3 Luftfahrzeuge

3.3.1 Nutzung von Luftfahrzeugen

In Deutschland werden in der Regel Hubschrauber für Löschwasserabwürfe und zur Erkundung von Einsatzstellen von oben eingesetzt. Flächenflugzeuge werden in Deutschland aufgrund der i.d.R. fehlenden Aufnahmegewässer[1] bzw. geeigneten Flugzeuge vor allem zur Waldbrandentdeckung benutzt. Nur in Einzelfällen kommen kleinere Löschflugzeuge, z.B. (ehem.) Agrarflugzeuge[2], auch zum Löschmittelabwurf zum Einsatz.

In den letzten Jahren steigt die Verbreitung von Drohnen auch in der Gefahrenabwehr. Auch wenn sie längst nicht überall einfach so eingesetzt werden können (z.B. nicht in der Umgebung von Flughäfen), können sie eine wertvolle Hilfe für die Erkundung ausgedehnterer Schadenslagen sein.

Löschwasserabwürfe sind besonders geeignet für

- Brände in bergigem bzw. sonst nur schwer zugänglichem Gelände,
- Brände in munitionsbelastetem Gelände,
- Brände mit besonders intensivem und schnell laufendem Vollfeuer.

[1] Die Canadair CL 415 braucht für das Scooping (Wasseraufnahme im niedrigsten Überflug) 400 und 500 m auf dem Gewässer. Dazu kommt der An- und Abflugbereich. Das alles muss frei sein von allen Hindernissen, wie Brücken, Oberleitungen, Stegen, aber auch Booten/Schiffen, Schwimmern.
Ist das Gewässer mit welliger Oberfläche oder muss kompliziert an- oder abgeflogen werden, wird das noch mehr sein. Das ergibt praktisch eine notwendige, hindernisfreie Gesamtstrecke von 2 – 3 km, wovon mind. 1, besser 2 km über Wasser sein sollten.

[2] Im Gegensatz zu früheren Jahren stehen derartige Flugzeuge in Deutschland kaum mehr zur Verfügung. Im osteuropäischen Ausland dürften aber noch Maschinen verfügbar sein.

Luftfahrzeuge stehen in den seltensten Fällen im Ersteinsatz zur Verfügung. Sie sind aber bei Großwaldbränden ein effektives und kostbares – aber auch eher seltenes und teures – Einsatzmittel. Zu beachten sind daher neben einer Vorlaufzeit von 2 – 5 Stunden die Kosten von z.B. 15.000.- € als Tagespauschale für einen Super Puma Transporthubschrauber bzw. ca. 35.000,- € je Stunde (!) für eine CH-53. Beachten Sie bei den Einsatzplanungen in Absprache mit den Hubschrauberträgern, dass insbesondere die älteren Baumuster häufiger zur Wartung müssen und diese jeweils länger dauern wird.

Halten Sie die Anforderungswege in Ihrem Bundesland[1] ein und klären Sie bei Unklarheiten die jeweiligen Kosten und ggf. den Kostenersatz durch Dritte (z.B. Landkreis, Bezirk, Bundesland) noch vor der Einsatzanforderung, bevor Sie auf ggf. fünf- oder sechsstelligen Beträgen sitzen bleiben!

Verfügbare Hubschrauber mit Möglichkeiten für Außenlastbehälter gibt es bei der

- Bundeswehr[2] und anderen Armeen befreundeter (Stationierungs-)Streitkräfte (größte Stückzahl und Hubschrauber auch größerer Leistungsfähigkeit, allerdings unsichere Verfügbarkeit)
- Bundespolizei
- jeweiligen Länderpolizei[3] (allerdings haben leider einige Bundesländer bewusst bei der Beschaffung von Polizeihubschraubern auf die Möglichkeit von Außenlastbehältern verzichtet, z.B. NRW)

und bei

- privaten Firmen (z.B. über das MHW[4])

Kommen mehrere Luftfahrzeuge am gleichen Einsatzort zur Verwendung, so muss deren Einsatz koordiniert werden, um gefährliche Situationen bereits von vornherein durch eine entsprechende Kommunikation zu vermeiden!

Fordern Sie ggf. eine Sperrung des Luftraums für andere Flugzeuge (z.B. der Medien) an.

---

1 Oft gibt es hierzu spezielle Regelungen z.B. über die Leitstelle zu den Bezirksregierungen und u.U. sogar bis über das jeweilige Innenministerium.

2 Die Bundeswehr wird ihre Hubschrauberflotte weiter reduzieren, vgl. BUNDESVERTEIDIGUNGSMINISTERIUM (2011).

3 Einige Länder haben neue Polizeihubschrauber beschafft und dabei bewusst auf Außenlastmöglichkeiten verzichtet!

4 http://www.mhw-deutschland.de/aktuelles/projekte/national/hubschrauber-f%C3%BCr-den-katastrophenfall.html

3.3.2 Hubschrauber mit Löschwasserabwurfbehältern

Für die Zusammenarbeit mit und das Einweisen von Hubschraubern werden leider nur sehr vereinzelt Lehrgänge angeboten. Als vorbildlich können die Seminare an der Staatlichen Feuerwehrschule Würzburg gelten. Der Besuch solcher Lehrgänge ist all denen anzuraten, die häufiger mit Hubschrauberbesatzungen zusammenarbeiten müssen oder wollen.

Abb. 83: Annäherung an einen Hubschrauber von vorn, im Blickfeld des Piloten (sitzt im Gegensatz zu Flächenflugzeugen bei Hubschraubern i.d.R. vorn rechts im Cockpit!). (Foto: Südmersen)

Natürlich sollten grundlegende Sicherheitshinweise allen Einsatzkräften geläufig sein (vgl. LEMBECK (2019):

- Vor der Landung eines Hubschraubers müssen lose Gegenstände, Helme, Kopfbedeckungen, Kleidung etc. gesichert werden.
- Augenschutz ist zu tragen oder sich vom Hubschrauber abzuwenden.
- Annäherung nur auf Weisung des Piloten, idealerweise 45 Grad seitlich vorne.
- Der Heckbereich ist bei Hubschraubern Gefahrenbereich und unbedingt zu meiden.

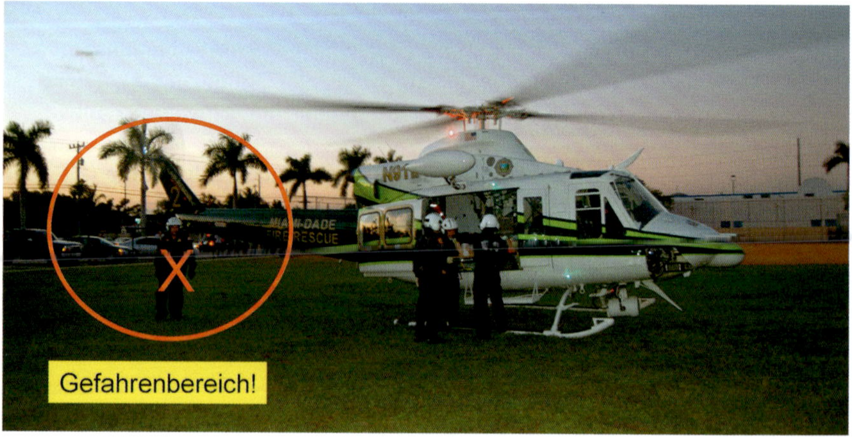

Abb. 84: Gefahrenbereich bei einem Hubschrauber (Foto: Südmersen).

Falls Sie hinter einem Hubschrauber stehen, machen Sie einen großen Bogen um den Bereich des Heckrotors.

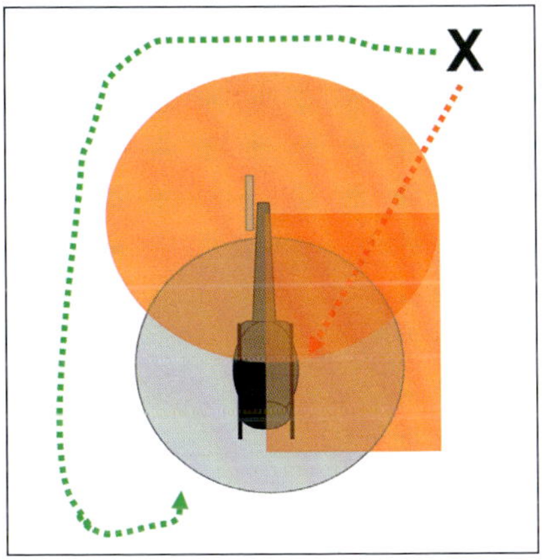

Abb. 85: Annäherung von hinten vermeiden! Der Weg in ausreichendem Abstand vom Heckrotor auf die rechte Seite des Hubschraubers führt schneller ins Blickfeld des Piloten (i.d.R. vorn rechts). (Grafik: Südmersen)

Abb. 86: Insbesondere im bergigen Gebiet (hier Waldbrand am Thumsee, 2007) benötigen die Piloten Unterstützung durch geschultes Personal mit Flughelferausbildung bei der Aufnahme der Löschwasserbehälter (links) und beim Anflug z.B. zur Übergabe von Personal, Ausrüstung, oder Löschwasser (rechts). (Fotos: FF Bad Reichenhall)

4 Einheiten und Einsatzablauf zur Vegetationsbrandbekämpfung

4.1 Einheiten zur Vegetationsbrandbekämpfung

Einheiten zur Vegetationsbrandbekämpfung werden in Deutschland – mit wenigen Ausnahmen, v.a. von spezialisierten Teilen – nicht aus extra dafür vorgehaltenen Einheiten gebildet, sondern im Baukastensystem aus dem vorhandenen Potential zusammengestellt.

Je besser man das vorbereitet, ggf. ergänzend ausgerüstet (*vgl. Kap. 3*) und dann passend gemeinsam ausgebildet hat, umso besser funktioniert das auch im Einsatz zusammen.

4.1.1 Grundeinheit Waldbrand

Unabhängig von regionalen Unterschieden der Struktur der Feuerwehren wird als **Mindest**einheit[1] für jede Art von Wald- und Flächenbränden die folgende taktische Einheit empfohlen:

- 1 Führungsfahrzeug: KdoW, MTW oder ELW 1, mit einer den örtlichen Gegebenheiten angepassten Geländefähig- oder -gängigkeit
- 1 Tanklöschfahrzeug mit einer den örtlichen Gegebenheiten angepassten Geländegängigkeit
- 1 Löschgruppenfahrzeug mit einer den örtlichen Gegebenheiten angepassten Geländefähig- oder -gängigkeit

[1] Z.B. auch im Rahmen der örtlichen Alarm- und Ausrückordnung (AAO) für Vegetationsbrände.

Zur Verbesserung der Effektivität wird folgende Waldbrand-Zusatzausstattung empfohlen:

- ein bzw. mehrere[1] Auffangbehälter, Kapazität: doppelter Tankinhalt des TLF
- Waldbrand-Handgeräte und Armaturen wie unter *Kap. 3.2.1.1* beschrieben für jedes der beiden Löschfahrzeuge sowie
- je (Tank-)Löschfahrzeug ein Verteiler BB/CBC

Diese Grundeinheit muss bei größeren Lagen durch Unterstützungseinheiten, z.B. zur Wasserförderung (Wasserförderzug z.B. mit 2 LF 20-KatS und einem SW-KatS), bzw. zum Wassertransport (Wasserförderzug, z.B. je nach Fahrstrecke und Tankinhalten ca. 3 – n (G)TLF) ergänzt werden.

Grundsätzlich sind zwei Varianten beim Einsatz einer Grundeinheit zu unterscheiden:

Mobiler Einsatz

Bei der mobilen Variante wird das TLF als Angriffsträger genutzt und durch die Besatzung des LF durch den Einsatz von Handgeräten bzw. -werkzeugen unterstützt.

Am LF wird ein Wasserübergabepunkt (z.B. selbstaufrichtender offener Auffangbehälter) eingerichtet. Dort können nachalarmierte Zubringer-TLF Wasser abgeben, um einen doppelten Pendelverkehr einzurichten.

Abb. 87: Wasserübergabepunkt (Foto: Feuerwehr Osnabrück-Voxtrup)

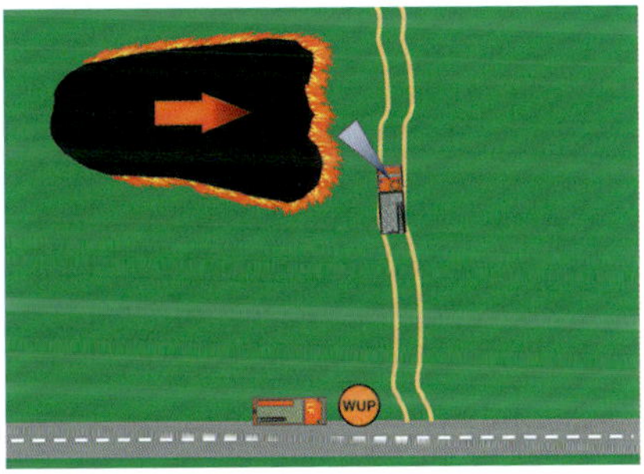

Abb. 88: Mobile Variante (Grafik: @fire)

[1] Das liegt nicht zuletzt an den Möglichkeiten, die Auffangbehälter transportieren und auch aufstellen zu können!

Diese Variante empfiehlt sich für ein direktes, offensives Vorgehen, wenn das Gelände, die Länge der Feuerfront und die Flammenlänge einen Angriff auf die Feuerfront zulassen.

Abb. 89: Beispiel der mobilen Variante: Angriff auf die rechte Flanke eines Getreidefeldbrandes aus dem verbrannten Bereich heraus. Die linke Flanke ist an der Straße angehalten worden, die Front hat sich an einem grünen Feld totgelaufen und ist von selbst verlöscht. (Foto: LFV Niedersachsen, Bearbeitung Südmersen)

Stationärer Einsatz

Bei der stationären Variante wird mittels C- und D-Schläuchen der Feuersaum erreicht. Der Wasserübergabepunkt wird durch einen Löschwasserbehälter oder einen BB/CBC-Verteiler durch das LF hergerichtet, das TLF führt im Pendelverkehr Löschwasser heran und wird ggf. durch weitere TLF oder den Aufbau einer Wasserförderstrecke mit SW o.ä. unterstützt.

Um eine Überlaufen der Schlauchleitungen durch den Feuersaum zu vermeiden, sollte ein „Ankerpunkt“ für den Löschangriff gesetzt werden, ein Punkt an dem das Ablöschen des Feuersaumes beginnt und der so gesichert ist, dass eine Ausbreitung hier ausgeschlossen ist. Das kann ein einsatzbereites Strahlrohr, aber auch eine Straße oder ein Gewässer sein.

Sofern das LF ebenfalls über einen Löschwassertank und eine Tragkraftspritze verfügt, kann das LF ebenfalls zum Löschwassertransport eingesetzt werden.

Diese Variante empfiehlt sich für ein indirektes, defensives Vorgehen, für Nachlöscharbeiten und für Flankenangriffe.

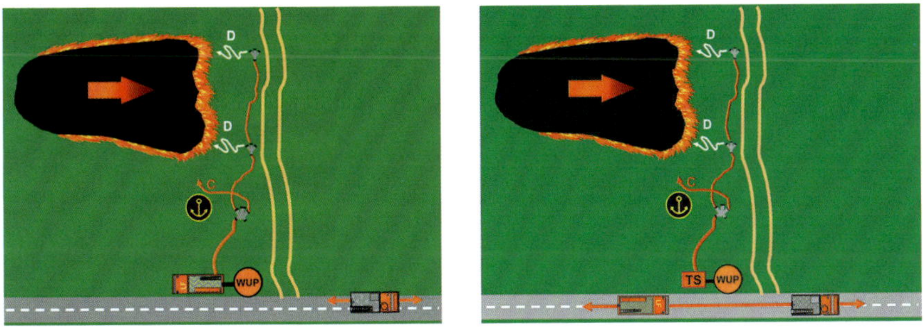

Abb. 90: Stationäre Variante. Vorsicht bei schnell laufenden Feuersäumen (z.B. windgetriebene Feuer an Gras- oder Stoppelfeldflächen)! Taktik ggf. schnell dem Brandverhalten anpassen und auf defensivere Art umstellen! (Grafiken: @fire)

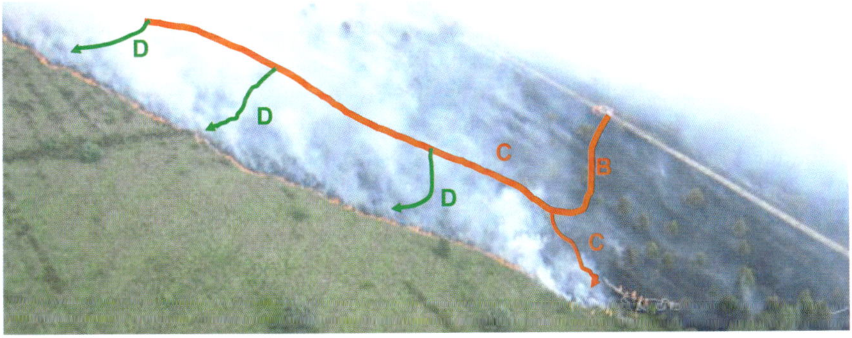

Abb. 91: Angriff auf die Rückseite aus dem verbrannten Bereich heraus (Foto: LFV Niedersachsen, Bearbeitung Südmersen)

4.1.2 Größere und überörtlich einsetzbare Einheiten

Die Bekämpfung größerer Vegetationsbrände erfordert immer Einheiten weit über Zugstärke. Damit diese sinnvoll zusammenarbeiten können, müssen im Vorfeld Regelungen getroffen werden.

Leider konnte man sich mit einheitlichen Ausbildungs- und Einsatzvorgaben für Einheiten über Zugstärke im Bundesgebiet aus den unterschiedlichsten Gründen bisher nicht durchsetzen. Mit der FwDV 100 tauchten dann zwar sowohl Verbände wie auch Führungseinheiten auf, aber es fehlen alle Details zur Umsetzung. Außerdem wurde mit der Neufassung der FwDV 3 (ab 2005) plötzlich in diese Basisvorschrift für eine Fahrzeugbesatzung im Löscheinsatz auch die „Taktikvorschrift" für den Löscheinsatz eines Zuges integriert.

Im Gegenzug bauten immer mehr Bundesländer nach dem Vorbild Niedersachsens (ab 1975) bzw. Brandenburgs (ab 1993) aufgrund der Erfahrungen von Großeinsätzen (z.B. Waldbrände in Niedersachsen, Brandenburg, Sachsen) Strukturen auf, um auch größere Einheiten als Züge geordnet anfordern und zum Einsatz bringen zu können. Die völlig unterschiedlichen Länderregelungen zeigen, dass es leider auch hier durch fehlende übergreifende Vorgaben gravierende Unterschiede gibt, die den Einsatz erschweren oder gar eine ernsthafte Zusammenarbeit unmöglich machen.

Zusammengefasst ergeben sich daraus folgende Probleme:

1. Gleiche Aufgaben werden unterschiedlich benannt.
2. Einheiten für gleiche Aufgaben werden unterschiedlich benannt.
3. Einheiten für gleiche Aufgaben sind völlig unterschiedlich ausgerüstet.
4. Einheiten sind für ihre Aufgaben nicht geeignet ausgerüstet.
5. Es ist zweifelhaft, ob die teilweise große Anzahl an vorgeplanten FA in den Einheiten überhaupt so existieren bzw. im Einsatz über mehrere Tage so komplett im Schichtbetrieb betrieben werden können.
6. Es fehlen häufig die notwendigen Unterstützungskräfte.
7. Autarker Einsatz ist häufig nicht vorgesehen.

Hinzu kommen die völlig ausufernden Fahrzeugtypen und deren tatsächliche Beladung mit sich daraus ergebenden unterschiedlichsten taktischen Einsatzwerten, vgl. Cimolino, Zawadke et al. (2006).

Planen Sie rechtzeitig entsprechende Strukturen auch für den Wald- bzw. Flächenbrand vor. Orientieren Sie sich an Ihrem Landeskonzept und beachten Sie das, was im Buch zu Großschadenslagen[1] (vgl. oben) beschrieben ist.

Gerade bei größeren Flächenlagen, die oft mehrere Tage dauern, ist die Logistik eine Herausforderung. Beteiligen Sie ggf. die Hilfsorganisationen (Verpflegung/Betreuung) bzw. das THW.

Regionale Waldbrandzüge

Existieren in Ihrem Bereich keine entsprechenden überregionalen Planungen, dann sollten Sie sich regional entsprechend darauf vorbereiten!

1 Das Thema „Führung in Großschadenslagen – Taktische Verbände im Einsatz" wird im gleichnamigen Buch der Reihe Einsatzpraxis vertieft, vgl. Cimolino et al. (2010).

Dazu müssen Sie die verschiedenen Bereiche aus Kap. 3 und 4 berücksichtigen. Das Ergebnis kann wegen Ihrer lokalen Gegebenheiten natürlich unterschiedlich ausfallen.

Beispiele:

Waldbrandzug zur aktiven Brandbekämpfung mit TLF[1]:

- 1 KdoW bzw. ELW 1 (mindestens geländefähig)
- 1 – 2 LF 10(/6) bzw. LF 20(-KatS) o.ä. (mit Zusatzbeladungssatz Waldbrand und möglichst geländegängig) als Mannschafts- und Geräteträger
- 2 – 4 TLF-W (mit Zusatzbeladungssatz Waldbrand und möglichst geländegängig)

Waldbrandzug zur aktiven manuellen Brandbekämpfung[2]:

- 1 KdoW bzw. ELW 1 (möglichst geländegängig)
- 1 – 2[3] MZF, KLF. TSF-W, MLF (z.T. geländegängig)
- 1 LF 10 oder LF 20-KatS (möglichst geländegängig) (mit Zusatzbeladungssatz Waldbrand und möglichst geländegängig)
- 1 – 2 TLF-W[4] (mit Zusatzbeladungssatz Waldbrand und möglichst geländegängig)
- Ggf. MTF, MZF bzw. LF zum Personal- und Materialtransport

Wassertransportzug:

- 1 ELW 1 oder KdoW
- 1 TSF, TSF-W oder LF 10(/6), LF 20 oder am besten LF 20-KatS[5]
- 2 – 5 (G)TLF oder WLF mit AB Tank

Wasserförderzug[6]:

- 1 ELW 1 oder KdoW
- 2 LF 20-KatS, LF 16-TS o.ä.
- 1 SW 2000 o.ä.

---

1 Das entspricht ungefähr dem Einsatzwert des EU-Moduls zur fahrzeuggestützten Vegetationsbrandbekämpfung, dem GFFF-V (ground forest fire fighting using vehicles).

2 Damit kann – mit entsprechend ausgebildetem Personal! – das EU Modul GFFF umgesetzt werden.

3 Mehr erachten wir derzeit für nicht sinnvoll, weil sonst das Einsatzgebiet zu groß und damit unübersichtlich für einen Zugführer wird.

4 Die TLF in diesen Einheiten dienen zur eigenen Wasserversorgung der mobilen Einheiten und als Sicherheitsreserve.

5 Zum Errichten und Betreiben der Wasserentnahmestelle.

6 U.U. auch leistungsfähigere Fördersysteme für die Brandbekämpfung, wie das Hytrans Fire System (HFS), wenn die Wasserentnahmestelle das hergibt und die Wasserverteilung gesichert ist.

Abb. 92: Wassertransporteinheit bei einer Versorgungsstelle. Achten Sie auf die geländegängigen Fahrgestelle! (Foto: Kögler, Ottendorf)

Einheit zum Einrichten und Betreiben eines Feldlandeplatzes bzw. einer Wasseraufnahmestelle für Außenlastbehälter:

- 1 ELW 1 oder MTF (bei größeren Einsätzen mit mehreren Helikoptern zusammen mit einem Fahrzeug mit entsprechendem Flugfunk (z.B. der Bundeswehr))
- 1 TSF, TSF-W oder LF 10(/6)[1]
- ggf. 1 (P)TLF 4000, TLF 20/40-SL o.ä. (Brandschutz[2] und Pufferbehälter)
- 1 LKW zum Transport des großen offenen Wasserbehälters

(Ggf. Tankfahrzeuge für die nötigen Betriebsstoffe (i.d.R. nur über die Bundespolizei oder die Bundeswehr möglich).)

Unterstützungs- und Logistikeinheiten müssen natürlich je nach Einsatzort, Umgebung, Wetter und Umfang gestellt werden, wie es im Einsatz von Verbänden üblich ist, vgl. Cimolino (2010).

Überregionale Waldbrandzüge

Aus der Zusammensetzung der Löschzüge in den vorgeplanten Bereitschaften der Bundesländer lässt sich erkennen, dass bestimmte denkbare Einsatzaufgaben nur eingeschränkt durchgeführt werden können. Es fehlen z.B. i.d.R. geländegängige TLF für Vegetationsbrände oder größere TLF für den Wassertransport.

[1] Zum Errichten und Betreiben der Wasseraufnahmestelle aus großem Auffangbehälter oder zum direkten Befüllen der Löschwasseraußenlastbehälter, soweit keine direkte Aufnahme aus einem offenen Gewässer möglich ist.

[2] Insbesondere, wenn vor Ort betankt werden soll!

Um diese Lücken zu schließen, müssen „lageabhängige Ergänzungen" definiert werden, die bedarfsgerecht die Bereitschaften unterstützen können. Dabei obliegt es der einzelnen Bereitschaft, ob diese Kräfte direkt der Bereitschaftsführung unterstellt sind („Stabskompanie") oder die Löschzüge verstärken.

Diese können am besten auch aus Bausteinen regionaler Einheiten aufgebaut werden.

Einheiten für die EU

Die EU hat seit langem über den Zivilschutzmechanismus Einheiten (Module, vgl. EU 2013) auch für die Vegetationsbrandbekämpfung definiert. U.a. bei den Waldbränden in Schweden im Sommer 2018 wurden mehrere davon über die EU in Marsch gesetzt.

Geeignet dafür sind aus dem größeren Katalog an Einheiten grundsätzlich:

- Aerial forest fire fighting module using helicopters module (FFFH), Brandbekämpfung aus der Luft mit Helikoptern (mind. 3 Helikopter)
- Aerial forest fire fighting module using airplanes module (FFFP), Brandbekämpfung aus der Luft mit Flugzeugen
- High capacity pumping module (HCP), Hochleistungspumpen zur Wasserförderung (das THW hatte 2016 bereits 8 dieser Einheiten an die EU gemeldet)
- Ground forest fire fighting (GFFF), speziell ausgebildete Löschmannschaft zur v.a. manuellen Brandbekämpfung und zum Anlegen von defensiven Verteidigungslinien, *vgl. Kap. 3.1.2*
- Ground forest fire fighting using vehicles (GFFF-V), s.o. Abschnitt „Regionale Waldbrandzüge"

Mit Ausnahme der 8 Module HCP (alle beim THW) hat Deutschland bis 2019 keine einzige Einheit davon an die EU gemeldet.

Neben den in den Leistungsfähigkeiten und Zusammensetzungen nur sehr grob von der EU beschriebenen Modulen gehört immer auch die Selbstversorgungsmöglichkeit dieser Einheiten dazu. Zu fast jedem Modul[1] muss also zwingend eine Unterstützungseinheit mit vorgesehen werden, die in der Lage sein muss, den autarken Betrieb in eine Art Feldlager für die Einsatzeinheit aufzubauen, 4 Tage ohne externe Unterstützung zu unterhalten und für die Einsatzdauer (für die

[1] Ausnahme z.B. die Luftfahrzeuge, hier wird die Unterbringung und Verpflegung vom Anforderungsland gestellt, nur die Betriebslogistik und das Rettungspersonal für die Luftfahrzeuge muss mitgebracht werden.

GFFF(-V) mind. 7 Tage vor Ort!) zu betreiben. Die rettungsdienstliche Versorgung bzw. Betreuung der Einheit gehört zu dieser Unterstützungsaufgabe. Ähnliche Unterstützungskomponenten sieht z.B. das Land NRW für seine überregional geplanten Bereitschaften[1] bzw. Abteilungen vor, vgl. CIMOLINO, 2010.

4.2 Führung und Einsatztaktik

4.2.1 Erkundung

Eine gründliche Erkundung ist ein absolutes Muss, um gerade in der Anfangsphase oder bei begrenzten Einsatzkräften eine größtmögliche Effektivität zu erreichen.

Erliegt man der Versuchung, statt der erkundeten Feuerfront oder einem anderen Einsatzschwerpunkt (*vgl. Kap. 1.2.*) den ersten sichtbaren Feuersaum anzugreifen, kann sich der Brand trotzdem unbeeinträchtigt ausbreiten.

Die Erkundung muss folgende Punkte beachten:

Einsatzschwerpunkte gemäß den taktischen Prioritäten

- Schutz von Menschen
- Schutz von Tieren
- Schutz von Strukturen (Gebäude, Infrastruktur)
- Schutz vollbrandgefährdeter oder schnell verbrennender Vegetation

Art des Brandes:

- Vollbrand,
- Bodenbrand,
- Flächenbrand

Achtung:

Ggf. sind Mischformen möglich, außerdem kann sich dieses Bild sehr schnell ändern!

Geo- bzw. topographische Besonderheiten:

- Hauptausbreitungsrichtung: Wo ist die Front, wo die Flanken?
- Besonderheiten des Geländes: Hanglagen, Sacktäler etc.

---

[1] Der 5. Zug jeder Bereitschaft ist ein entsprechender Unterstützungszug zur Versorgung und Logistik.

- Zugangs- bzw. Fluchtmöglichkeiten für (Tanklösch-)Fahrzeuge
- Windrichtung und ggf. erwartete Änderungen
- Mögliche „sichere“ Fluchtbereiche?

Dazu gehört zwingend die Betrachtung der Vegetation:

Abb. 93: Gebogene Rauchsäule, an der Basis zunehmend und dunkler werdend. (Foto: de Vries, Hamburg)

- Welcher Bewuchs brennt gerade?
- Wohin breitet sich der Brand aus? (Welcher Bewuchs ist dort?)
- Was hat das für Folgen für die Brandausbreitung gerade unter der Berücksichtigung von Geländeformen und Windrichtung bzw. -stärke?

Neben den aktuellen Erkundungsergebnissen sollte der Einsatzleiter die Erfahrungen aus vergleichbaren Bränden in der Vergangenheit nutzen, insbesondere hinsichtlich des Brandverhaltens und der Erreichbarkeit.

Eine weitere, ergänzende Möglichkeit ist das Lesen der Rauchsäule auf der Anfahrt:

Tab. 4: Lesen der Rauchsäule

Was ist zu sehen?	Was bedeutet es wahrscheinlich?
Kleine, langsam aufsteigende weiße bis gräuliche Rauchsäule	Lagerfeuer bzw. kleines „Brauchtumsfeuer“
Sich nach unten hin verstärkende weiße Rauchsäule, mit einer gräulichen oder schwarzen Verfärbung in Windrichtung	Flächenbrand (Gras, Getreidefeld), welcher auf angrenzendes Unterholz übergegriffen hat
Nebelartige Rauchschwaden mit einzelnen dickeren Quellen	Feuer unmittelbar an der Oberfläche (Laubschichten) oder auch im Boden (Torf, Moor)
Dicke, schwarze Rauchsäule ohne Verbreiterung an der Basis	Gebäude- oder Fahrzeugbrand
Gerade Rauchsäule	Kein Wind in Bodennähe
Gebogene Rauchsäule, an der Basis zunehmend und dunkler werdend	Wind in Bodennähe mit einem schnelllaufenden Feuer
Mehrere hundert Meter hohe Rauchsäule, Rauch bildet große Wolken	Pläne für den Abend streichen

4.2.2 Grundlagen der Einsatztaktik

Im Rahmen der Einsatzplanung (s. FwDV 100 bzw. GRAEGER et al. (2009) muss auf der einen Seite eine Gefahrenanalyse erfolgen, bei der die Erkundungsergebnisse in Einsatzschwerpunkte umgesetzt werden; auf der anderen Seite müssen dabei immer parallel die taktischen Möglichkeiten der Feuerwehr, aber auch die Einsatzgrenzen beachtet werden. Diese ergeben sich neben der Ausrüstung mit Fahrzeugen, Geräten und PSA vor allem durch den Ausbildungsstand der Einsatzkräfte.

Im Regelfall bedeutet dies in Deutschland aufgrund des flächendeckenden Brandschutzes und der frühen Entdeckung von Waldbränden ein offensives Vorgehen gegen die Feuerfront, so wie es LIEBENEINER (1981), in der Waldbrand-Fibel beschrieben hat. Die dort veröffentlichten Grundsätze haben nach wie vor Gültigkeit! Es kann aber auch Situationen geben, in denen dies grundlegend falsch wäre, sei es durch eine massive Eigengefährdung oder einfach aufgrund der Aussichtslosigkeit eines direkten Angriffes. Nachfolgend daher ein paar weitere Erläuterungen dazu.

■ Offensives Vorgehen

Beim offensiven Vorgehen wird der Feuersaum direkt bekämpft. Dies kann durch Löschmannschaften, Löschfahrzeuge und Löschwasserabwürfe oder in Kombinationen dieser Einsatzmittel erfolgen.

Dabei muss im ersten Angriff der Feuersaum bekämpft werden – hier ist Mobilität gefragt und es funktioniert nur bei nicht zu großen Geschwindigkeiten des Feuersaums. Hohe Flammen, große Flammengeschwindigkeiten z.B. bei einem Getreidefeldbrand sind hier i.d.R. für die Einsatzkräfte gefährlicher als der entsprechende Angriff auf einen Brand im Unterholz eines Waldes.

Sollte der Feuersaum an einer Stelle abgelöscht sein, so muss mit der Schlauchleitung weiter vorgegangen und der Feuersaum aufgerollt sein. Wenn die Schlauchleitung nicht ausreicht, ist diese zu verlängern oder das Strahlrohr zu schließen, bis der Feuersaum komplett abgelöscht ist. Dann erst kann mit Nachlöscharbeiten begonnen werden.

Hieraus folgt, dass für ein offensives Vorgehen Mobilität unbedingt notwendig ist und daher TLF, D-Rohre und Löschmannschaften sehr gut für diese Einsatztaktik geeignet sind. (Je nach Zugänglichkeit der Einsatzstelle können auch geländegängige kleinere Löschfahrzeuge sinnvoll sein, die ggf. von TLF über doppelten, oder sogar dreifachen Pendelverkehr versorgt werden. Hier ist die mitgeführte Löschmittelmenge von Anfang an kritisch im Auge zu behalten!)

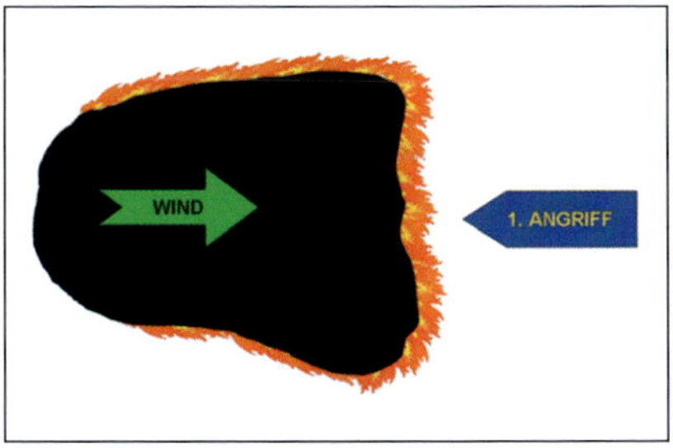

Abb. 94: Frontaler Angriff auf die Feuerfront – Schritt 1 (Grafik: nach Liebeneiner (1982))

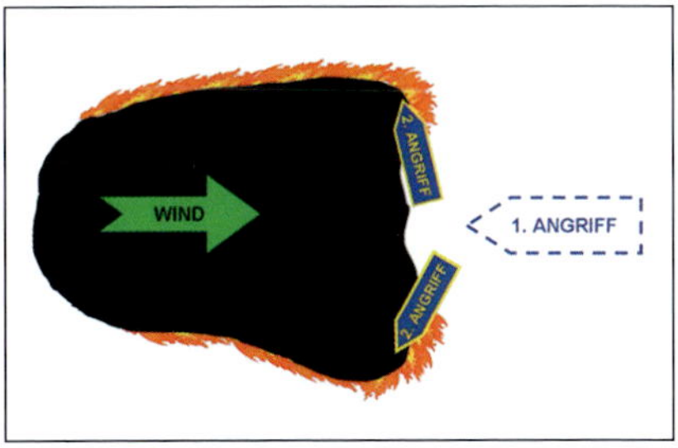

Abb. 95: Frontaler Angriff auf die Feuerfront – Schritt 2 (Grafik: nach Liebeneiner (1982))

Nur den Feuersaum bekämpfen, nicht die Fläche dahinter!

Die Vorteile dieses Vorgehens sind:

+ Sicherheit der Einsatzkräfte, da diese in den verbrannten Bereich flüchten können
+ Geringer Schaden für die Vegetation
+ Verhindert Vollfeuer am effektivsten
+ Keine unsichere Vorfeueranwendung

Die Nachteile dieses Vorgehens sind:

— Eigengefährdung, falls die Flammenlänge und Ausbreitungsgeschwindigkeit unterschätzt werden!
— Kann nur bei niedrigen Flammenhöhen angewandt werden
— Einsatzkräfte sind Rauch und Wärme ausgesetzt
— Angehaltener Feuersaum kann sehr unregelmäßig sein
— Verzicht auf die taktische Nutzung von Geländeform und Vegetation

Der Einsatzleiter[1] befiehlt dazu: *„Offensives Vorgehen!“*

Er weist den Einheiten konkrete Bereiche zu und benennt ggf. das anzuwendende Löschmittel (Wasser, Netzmittel, Schaum) sowie die Ausbringungsart (i.d.R. Hohlstrahl- bzw. Mehrzweckstrahlrohre in Größe D oder C, in seltenen Fällen auch B-Rohre oder Werfer, wenn die Wurfweite erforderlich ist.)

[1] Bzw. der für diesen Bereich benannte Abschnittsleiter nach entsprechender Abstimmung mit dem EL.

Defensives Vorgehen

Sollte ein direkter Angriff aufgrund der Flammenlängen nicht möglich sein, oder wird dieser bewusst vermieden, um z.B. eine Fläche bewusst abbrennen zu lassen[1], so wird an dafür geeigneter Stelle eine Feuerschneise angelegt bzw. eine vorhandene natürliche oder künstliche Barriere genutzt.

Eine Feuerschneise besteht aus einem Wundstreifen sowie der Überwachung der Umgebung bzw. des Waldes, um durch Flugfeuer verursachte Brandinseln sofort zu löschen.

Feuerschneisen sollten taktischen Nutzen aus Vegetation und Geländeform ziehen, vorzugsweise sind vorhandene Möglichkeiten (Straßen, Wege, etc.) zu nutzen.

Eine statische Riegelstellung durch handgeführte Strahlrohre erfordert einen sehr hohen Aufwand und eine gute Löschwasserversorgung, um entsprechend den Deckungsbreiten der Strahlrohre einen lückenlosen Riegel sicher zu stellen und ist daher selten anwendbar. Wenn Wasser in solch ausreichender Menge verfügbar ist, sollte ein offensives Vorgehen gewählt werden. Auch Düsenschläuche (z.B. Fa. Iconos) können für defensive Taktiken genutzt werden, sie erfordern zwar einen speziellen Schlauch, aber weniger Personal.

Die Vorteile dieses Vorgehens sind:

+ Einsatzkräfte arbeiten außerhalb von Rauch und Wärmestrahlung
+ Feuerschneisen können frühzeitig vorbereitet werden
+ begradigte Auffanglinien

Abb. 96: Riegelstellungen können z.B. an „natürlichen" Hindernissen – wie hier einem Bahndamm – leichter aufgebaut worden als mitten in der Vegetation. (Foto: FF Wilhelmsdorf)

Die Nachteile dieses Vorgehens sind:

— mehr verbrannte Fläche
— Gefahr des Überspringens der Feuerschneise
— hoher Aufwand an Personal und Material
— gefährlich für die Einsatzkräfte, da sie in unverbrannter Vegetation ohne Sichtkontakt zum Feuersaum arbeiten

[1] Wird z.B. im Rahmen der Feuerökologie immer wieder diskutiert, vgl. Goldammer (2011).

Abb. 97: Die französischen Waldbrandeinheiten gehen bei Vollfeuer für eine Auffanglinie von einer Deckungsbreite je Rohr (250 L/min) von 20 m aus, entsprechend ist der Fahrzeugabstand in der Verteidigung. Verteidigung nach vorn, je ein Sicherungsrohr mit 1 FA/Fzg nach hinten (Flugfeuer etc.). (Foto: Cimolino)

Der Einsatzleiter[1] befiehlt dazu: *„Defensives Vorgehen!“*

Er benennt klar die Verteidigungs- bzw. Auffanglinie bzw. deren Verlauf an markanten Punkten und weist den Einheiten dort konkrete Bereiche zu. Er benennt ggf. das anzuwendende Löschmittel (Wasser, Netzmittel, Schaum) sowie die Ausbringungsart (i.d.R. Hohlstrahl- bzw. Mehrzweckstrahlrohre in Größe D oder C.). Außerdem muss angegeben werden, ob ggf. auch „nach hinten“ verteidigt wird, wenn die Gefahr von Flugfeuer besteht.

4.3 Technik der Brandbekämpfung

4.3.1 Manueller Einsatz von Löschmannschaften

■ Offensiv

Einsatz von Feuerpatschen

Mittels Feuerpatschen (oder notfalls großen Zweigen) können von nicht speziell trainierten FA Flammenlängen bis max. 1,5 m bekämpft werden. Dabei wird die Feuerpatsche in schnellen Bewegungen 20 – 30 cm angehoben und wieder auf den Feuersaum geschlagen bzw. eine Wischbewegung (ähnlich wie mit einem Feudel) angewendet.

[1] Bzw. der für diesen Bereich benannte Abschnittsleiter nach entsprechender Abstimmung mit dem EL.

Abb. 98: Einsatz einer Feuerpatsche aus dem „Grün". – Achten Sie auf die eigentlich für diese Taktik bereits zu hohen Flammenlänge (weit über 2 m!). (Foto: Jann, Geesthacht)

Abb. 99: Sandwurf am besten immer längs des Feuersaums, nicht quer dazu. Damit wird dieser besser abgedeckt; es gelingt, die Flammen herunter zu drücken und auch die Hitze zu reduzieren. (Foto: @fire)

Sandwurf

Um Hotspots mit Flammenlängen von ca. 1,5 m bekämpfen zu können, kann mit einem Spaten oder einer Waldbrandschaufel Sand und Staub geworfen werden. Wenn dies mit mehreren Einsatzkräften als Werfer gleichzeitig erfolgt, stellt sich eine schlagartige Löschwirkung ein.

Löschrucksäcke

Tragbare Löschrucksäcke gibt es in verschiedenen Ausführungen mit bis zu 20 L Tankinhalt. Mit einer Wurfweite von bis zu 5 Metern können hiermit Hotspots im Feuersaum oder Brandinseln sehr effektiv bekämpft werden. Für derartige Rücksäcke sind auch Zumischeinrichtungen für Löschmittelzusätze verfügbar. Für eine schnelle Wiederbefüllung eignen sich Füllschläuche mit entsprechenden Übergangsstücken für die Befüllung an Löschfahrzeugen.

Abb. 100: Löschrucksack (Foto: @fire)

Löschangriff mit D-Rohren

Für einen Löschangriff mit Schlauchleitungen müssen diese leicht, schnell zu verlegen und zu bewegen sein. Da zudem Durchflussmengen von über 50 l/min

Abb. 101: Löschangriff mit D-Rohr (Foto: @fire)

und große Wurfweiten für die Bekämpfung von Bodenbränden nicht erforderlich sind, sind Strahlrohre und Schlauchleitungen „D“ für diese Aufgabe besonders geeignet.

Empfohlen wird hier für den Einsatz einer Löschgruppe folgende Ausstattung:

- 3 D-Hohlstrahlrohre
- 10-D-Schläuche
- 3 C/DCD-Verteiler

Ergänzt durch die normgerechte Ausstattung von Löschfahrzeugen mit B- bzw. C-Schläuchen und Armaturen können somit „Deckungsbreiten“ in ebener Fläche von bis zu 180 Metern erreicht werden.

Beim Einsatz von Strahlrohren ist Sprühstrahl zu bevorzugen. Es darf auch hier nicht statisch in die Flammen gespritzt werden, sondern der Sprühstrahl muss im Rahmen der „dynamischen Strahlrohrführung“[1] immer in Bewegung sein und auf den Boden gerichtet werden. Nur stoßweise Wasser geben, Löschwirkung abwarten und nichts ertränken, sofern nicht sicher ausreichend Wasser für die gesamte Lage zur Verfügung steht. Schwarzbereiche nicht komplett im ersten

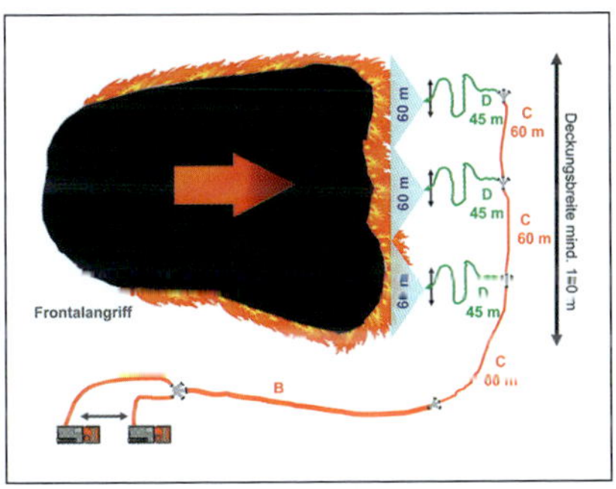

Abb. 102: Schema Frontaler Angriff mit dem Waldbrandsatz „D“. (Grafik: Südmersen)

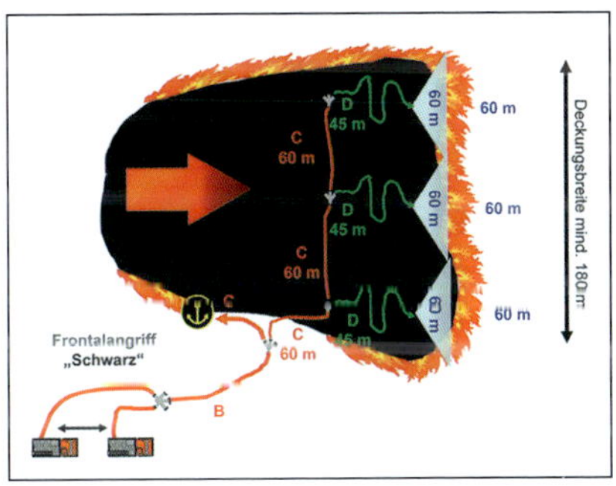

Abb. 103: Schema eines Angriffes mit dem Waldbrandsatz „D“ aus dem verbrannten Bereich heraus. (Grafik: Südmersen)

1 Vgl. dazu auch Stöhr (2005).

Angriff löschen, sondern erst bei gezielten Nachlöscharbeiten, dies spart erheblich Löschwasser.

Abb. 104: Angriff auf die Front aus dem verbrannten Bereich heraus mit Strahlrohr/Sprühstrahl, Flankenangriff mit Feuerpatschen. Auch hier gilt, Überbekleidung ist nur als Schutz vor kalter Witterung sinnvoll! (Foto: Feuerwehr Osnabrück)

Wassermenge und Gewicht gefüllter Schläuche

- D 15 m: 7,5 L und ca. 10 kg
- C 15 m: 33 L und ca. 38 kg

Brennt es nicht nur auf dem, sondern im Boden, z.B. bei Torf- oder Moorbränden – prinzipiell auch bei oberflächennahen Kohleschichten oder großen Flächen bzw. Halden mit brennbaren Stoffen (Abfall, organisches Material), muss folgendes geschehen, wenn der initiale und direkte Löschangriff keinen Erfolg zeigt oder aufgrund der Lage nicht möglich ist:

1. Betroffene Fläche mit Wärmebildkameras feststellen und immer wieder kontrollieren.
2. Beginnend mit der am meisten gefährdeten Seite bzw. in Ausbreitungsrichtung, in ausreichendem Abstand, möglichst schnell einen Graben außenherum ziehen. Das geht am besten und schnellsten maschinell, also z.B. mit Pflanz- oder Waldbrand- oder Kabelpflügen, *vgl. Abb. 105*, Grabenfräsen o.ä.
3. Sobald der Graben – oder Teile davon – fertig sind, diesen mit Wasser fluten.
4. In der dadurch begrenzten Fläche dann weitere Löschmaßnahmen durchführen, z.B.
   a. Glutinseln mit Löschlanzen oder Bohrsonden mit Wasser fluten.
   b. Weitere Gräben zur Verkleinerung der Flächen ziehen und fluten.
   c. Ggf. Netzmittel einsetzen.
5. **Vorsicht vor Einbrechen in Glutkamine oder (ausgebrannte) Hohlräume!**

Abb. 105: Ein Waldbrandpflug (ähnlich auch ein Pflanzpflug) kann mit dem richtigen Zugfahrzeug (falls nötig auch auf Ketten) gut genutzt werden, um schnell einen Graben zu ziehen. (Foto: Cimolino)

Dazu sind ggf. weitere Maßnahmen notwendig, z.B.:

- (temporärer) Wegebau (THW, Baufirmen, Bundeswehr auch mit Faltstraßengerät)
- (provisorischer) Brückenbau zum Überschreiten von Gräben (THW, Bundeswehr auch mit Brückenleger)
- Munitionsräumung (relativ viele Torf- oder Moorflächen sind oder waren Truppenübungsplätze, einige auch Schauplätze von Kämpfen im I. oder II. WK).

Defensiv

Löschmannschaften können auch defensiv zum Anlegen von Feuerschneisen eingesetzt werden. Dabei werden bei Bodenbränden in Handarbeit Feuerschneisen von ca. 1 m Breite angelegt.

Das Anlegen dieser Schneisen erfordert körperliche Schwerstarbeit und spezielle Handwerkzeuge. Dies ist jedoch an Einsatzstellen, an denen weder schweres Ge-

Abb. 106: Manuell angelegter Wundstreifen. (Foto: @fire)

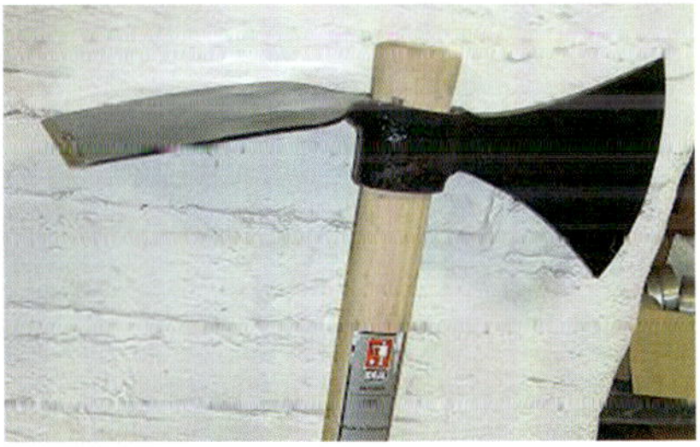

Abb. 107: Wiedehopfhacke (Foto: Feuerwehr Düsseldorf)

Abb. 108: Pulaski- bzw. Waldbrand-Axt (Foto: @fire)

rät noch ausreichend Löschwasser zur Verfügung steht, oft die einzig verfügbare Option neben Löschwasserabwürfen. Wiedehopfhaue bzw. -hacke, Pulaski oder Platthacken sollten daher Bestandteil von Sonderausstattungen für den Einsatzschwerpunkt „Vegetationsbrand" sein.

Eine weitere Verwendungsmöglichkeit von Löschmannschaften ist die Überwachung größerer Flächen, um durch Flugfeuer hervorgerufene Brandinseln sofort bekämpfen zu können. Dazu werden Trupps mit jeweils einer Schaufel, einer Waldbrandaxt und einem Löschrucksack ausgestattet.

4.3.2 Einsatz von (Tank-)Löschfahrzeugen

TLF können auch gut als „Feuerwehr" für die Überwachung und kleinere Löschmaßnahmen an Wund- bzw. Schutzstreifen genutzt werden, wenn diese befahrbar sind, ähnlich der Beschreibung für die defensive Taktik.

> Lassen Sie niemals Feuer hinter der eigenen Position zu!
> Es droht sonst Einschlussgefahr.

■ Offensive TLF-Taktik

Wasserführende Fahrzeuge sind hervorragend für einen mobilen, schnellen Löschangriff geeignet – Pump&Roll-Fähigkeit vorausgesetzt. Dabei kann entweder direkt vom Fahrzeug aus Wasser gegeben werden oder die Besatzung des TLF geht mit dem Schnellangriff **vor** dem Fahrzeug am Feuersaum entlang.

> Beachten Sie, dass formstabile Schnellangriffsschläuche i.d.R. fest mit dem Fahrzeug bzw. der Schlauchtrommel verbunden sind – und dann oft nicht ohne Werkzeug zu lösen sind. Aufgrund der Dicke und des Materials des S-Schlauches ist ein Kappen auch nicht einfach möglich.
>
> Dies ist kontraproduktiv, wenn schnell geflüchtet werden muss, weil man z.B. vom Feuer überlaufen werden könnte, weil dann entweder der S-Schlauch erst aufgerollt werden, oder jemand mit dem Schlauch mit dem Fahrzeug mitlaufen muss.

Zur Eigensicherung sollte es immer möglich sein, ein weiteres C- bzw. das S-Rohr vorzunehmen – daher nicht alle Druckabgänge belegen und immer 300 – 400 Liter Wasser im Tank zurückhalten.

Wenn Sie mehr als ein Rohr vom TLF vornehmen wollen, sollten Sie möglichst nicht den formstabilen Schnellangriffsschlauch benutzen, weil sonst je nach Schlauchdurchmesser und -länge bzw. gewolltem Strahlrohrdruck am S-Rohr zu hohe Drücke an den anderen Abgängen anstehen können!

(Vgl. CIMOLINO et al. (2011); DE VRIES (2008)

Abb. 109: Löschangriff vom Fahrzeug aus. (Foto: Dinslage, Menden)

Abb. 110: Löschangriff durch vorangehenden Trupp (Foto: @fire)

Wenn man einen Brand von hinten, d.h. aus der verbrannten Seite heraus bekämpft, muss erst der Standplatz des Fahrzeuges sorgfältig abgelöscht werden.

Ein Überfahren von Feuersäumen sollte vermieden werden, weil sonst Steuerungs- oder Versorgungsleitungen des Fahrzeuges beschädigt werden können und das Fahrzeug dann stehen bleiben kann – auf dem Feuersaum! Ein Totalverlust kann die Folge sein! (Ausnahme: Das Fahrzeug verfügt über geschützte Leitungen, vgl. Kap. 3. Aber auch dieser Schutz hält nicht „ewig“ bzw. schützt nicht vor jeder Flammenhöhe bzw. -intensität.)

Legen Sie beim stationärem Einsatz ein Rohr (Schnellangriff) zum Eigenschutz aus!

Wenn keine sichere Wendemöglichkeit in einem Waldweg oder einer Gebäudezufahrt vorhanden ist, muss rückwärts angefahren werden, um im Notfall einen schnellen Rückzug antreten zu können.

Auch wenn das Feuer frontal angegriffen wird, sollte das Fahrzeug in Fluchtrichtung stehen. Wegen der schnelleren Lösbarkeit der Schlauchkupplungen[1] vom

[1] Formstabile S-Schläuche sind teilweise fest mit ihren Haspeln verbunden und können dann nicht ohne Werkzeug „abgekuppelt“ werden.

Fahrzeug im Falle eines Rückzuges sollten Rollschläuche eingesetzt werden oder die Rohre über einen Verteiler vorgenommen werden.

Wenn nur ein TLF zur Verfügung steht, sollten nur Bereiche starker Brandintensität (Hotspots) abgelöscht werden und Bereiche mit niedrigen Flammen durch Löschmannschaften bekämpft werden.

Beim Abstellen von Fahrzeugen ist daran zu denken, dass der Weg nicht blockiert wird. Dies gilt insbesondere für ausgewiesene Fluchtrouten oder für die im Pendelverkehr vorgesehenen Strecken.

Sofern Löschmannschaften und TLF kombiniert werden, sollte durch die Besatzung des TLF der Feuersaum grob und in den Bereichen mit längeren Flammen bekämpft werden, in den weniger intensiven Bereichen sollte der Feuersaum von der Löschmannschaft bekämpft werden.

Bei der Bekämpfung eines Feuersaums ist ein Sicherheitsstreifen von 1 m vor und 2 – 3 m hinter dem Feuersaum abzulöschen.

Folgende Angriffstechniken können mit TLF durchgeführt werden:

Stoßangriff frontal

Bei einem frontalen Stoßangriff ist insbesondere auf die Flammenlängen und den gesicherten Rückzugsweg zu achten. Wenn der Rückzug nicht gesichert ist, dann müssen Sie eine andere Angriffsvariante wählen.

Abb. 111: Frontaler Stoßangriff (Grafik: Südmersen)

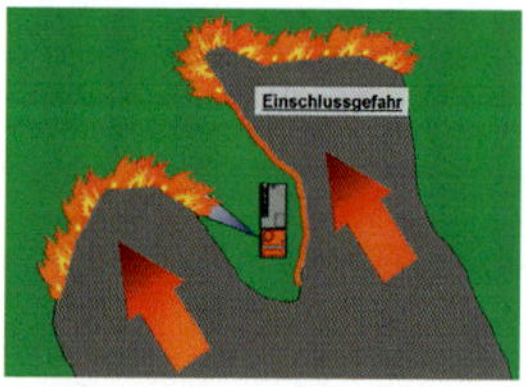

Abb. 112: Frontaler Stoßangriff – Einschlussgefahr! (Grafik: Südmersen)

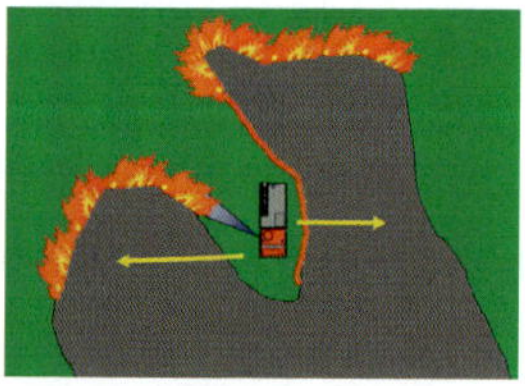

Abb. 113: Frontaler Stoßangriff – Ausbruch zur Seite (Grafik: Südmersen)

Stoßangriff rückseitig

Auch hier wird die Feuerfront angegriffen, aber von der Rückseite, aus dem verbrannten Bereich heraus. Sofern das Fahrzeug dafür ausgelegt ist und es das Gelände zulässt, die sicherste und effektivste Methode eines Angriffs mit TLF.

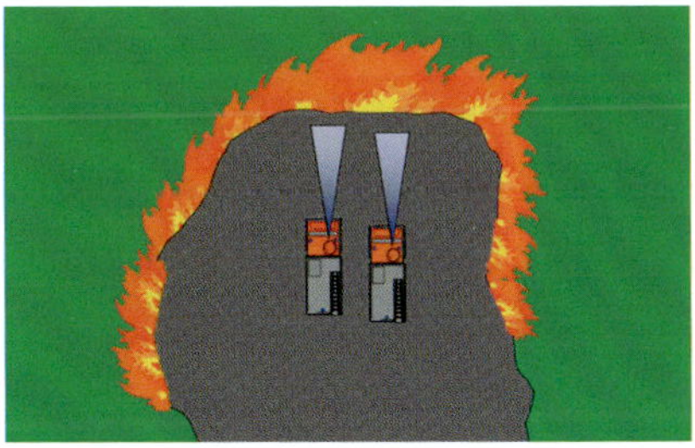

Abb. 114: Rückseitiger Stoßangriff (Grafik: Südmersen)

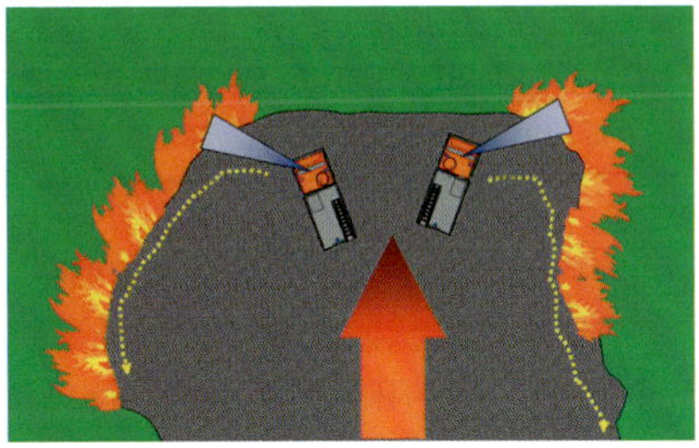

Abb. 115: Aufrollen des Feuersaums (Grafik: Südmersen)

Angriff in Tandemformation

Bei einem Angriff in Tandemformation werden zwei TLF kombiniert. Die Besatzung des ersten Fahrzeuges nimmt ein Strahlrohr zum Niederschlagen der Flammen vor, führt aber keine Nachlöscharbeiten durch. Das

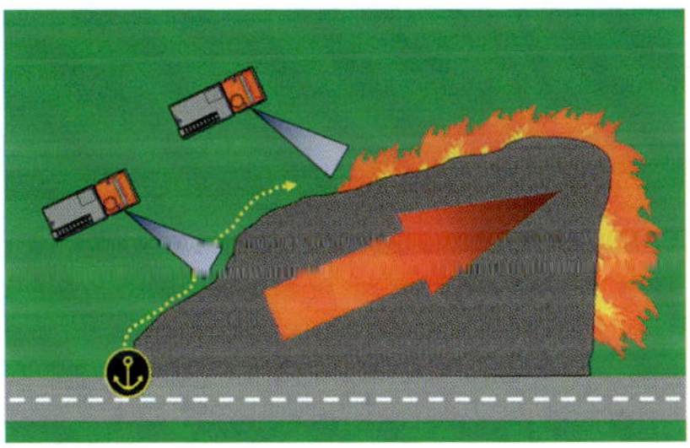

Abb. 116: Tandemformation (Grafik: Südmersen)

Abb. 117: Tandemformation bei einem Flächenbrand (Foto: @fire)

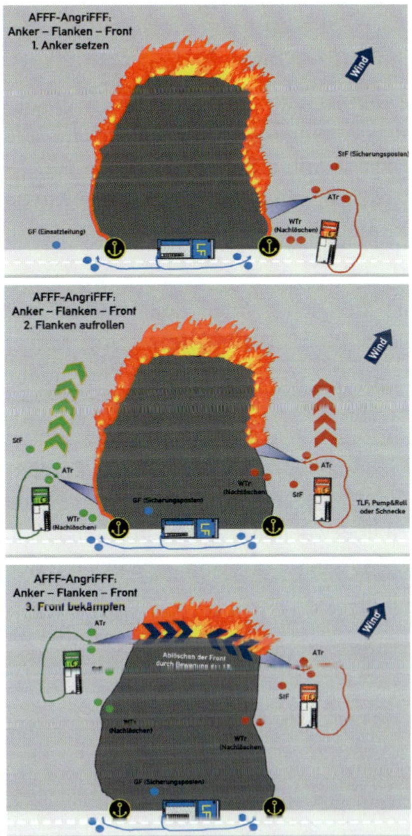

Abb. 118: Angriff in Zangenformation (Grafiken: Südmersen)

zweite TLF fährt 10 – 20 m hinterher, um Nachlöscharbeiten durchzuführen und einen Sicherheitsstreifen abzulöschen.

Angriffstyp „AFFF"-Anker, Flanke rechts, Flanke links, Front

Bei einem Angriff in Zangenformation werden die beiden Flanken gleichzeitig angegriffen.

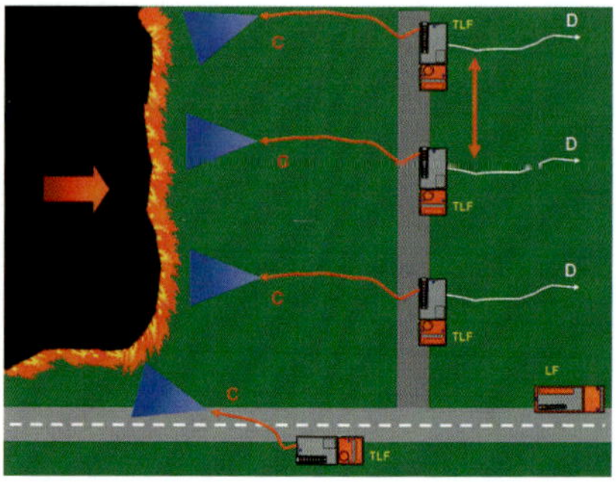

Abb. 119: Schematische Darstellung eines defensiven TLF-Einsatzes (Grafik: Südmersen)

Defensiver Einsatz von Tanklöschfahrzeugen

Tanklöschfahrzeuge können auch defensiv eingesetzt werden, wenn die Lage keine Möglichkeit zu einem – wesentlichen effektiveren – offensiven Vorgehen zulässt.

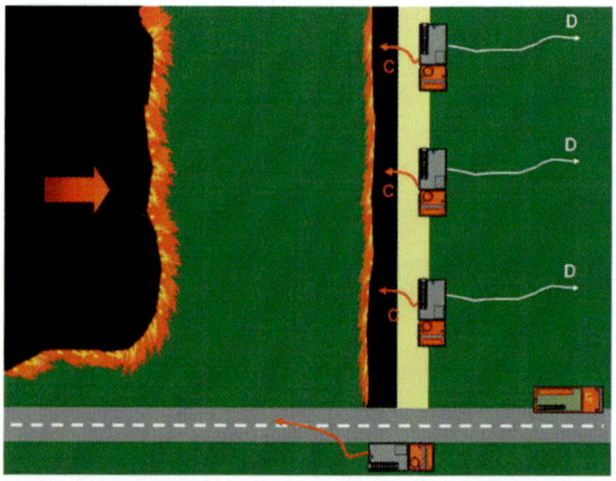

Abb. 120: Defensiver TLF-Einsatz, kombiniert mit Vorfeuer[1]. (Grafik: Südmersen)

Vorteil gegenüber anderen Verfahren ist hier der geringe Zeitaufwand, mit dem eine Auffanglinie eingerichtet werden kann. Da jedoch die Gefahr besteht, dass die Auffanglinie übersprungen wird, sind die erwähnten Sicherheitsgrundsätze in *Kap. 2* unbedingt zu beachten. Ferner ist der Bereich hinter der Auffanglinie auf Brandinseln zu überwachen. Falls ausreichend Zeit vorhanden ist, empfiehlt sich hier das Anlegen eines Vorfeuers, welches mit den Strahlrohren der TLF kontrolliert werden kann.[1]

Nicht sinnvoll ist das Benetzen der Vegetation – das Wasser verdunstet zu einem großen Teil schon vor Eintreffen der Feuerfront.

Besser ist es, stattdessen ggf. geeigneten Schaum (kein AFFF!) oder Gelbildner einzusetzen. Allerdings ist auf die Wasserhalbzeit und den Zerfall durch Hitzeeinwirkung achten.

[1] Vorfeuer nur mit ausreichend ausgebildetem und trainiertem Personal (z.B. von @fire) nutzen!

Abb. 121: Die französischen Waldbrandeinheiten gehen bei Vollbrand von einer Deckungsbreite je Rohr (250 L/min) von 20 m aus, entsprechend ist der Fahrzeugabstand in der Verteidigung. Verteidigung nach vorn, je ein Sicherungsrohr mit 1 FA/Fzg nach hinten (Flugfeuer etc.). (Foto: Cimolino)

Punkt- bzw. Inselverteidigung

Eine absolute Sonderform der Taktik wird z.T. im europäischen Ausland angewendet, wenn die Kräfte und Mittel mit der Dimension eigentlich schon lang nicht mehr mithalten können.

Hier wird punktuell nur bzw. v.a. ein Objekt gegen eine auflaufende Feuerfront geschützt. Hierzu wird dieses gegen die Auflaufrichtung mit einer Art „Hauptkampflinie" verstärkt verteidigt, weitere Rohre werden i.d.R. zu den Seiten und zum Hintergrund besetzt vorgehalten. Ebenso können Rohre im Innenangriff vorbereitet werden.

Der Einsatzleiter[1] befiehlt dazu: *„Verteidigung von xxx!"*

Er benennt klar die Grenzen bzw. Bereich der Verteidigungslinie um das Objekt. Er benennt ggf. das anzuwendende Löschmittel (Wasser, Netzmittel, Schaum) sowie die Ausbringungsart (i.d.R. Hohlstrahl- bzw. Mehrzweckstrahlrohre in Größe D oder C.). Außerdem muss angegeben werden, ob ggf. auch „nach hinten" und von innen verteidigt wird, wenn die Gefahr von Flugfeuer oder sonstiger Entzündung besteht.

Die Inselverteidigung darf nur angewendet werden, wenn die Voraussetzungen dafür vorhanden sind.

- ausreichende Löschmittelversorgung für die „warme Lage" und die „kalte Lage", d.h. das zu schützende Objekt
- entsprechend trainiertes Personal

[1] Bzw. der für diesen Bereich benannte Abschnittsleiter nach entsprechender Abstimmung mit dem EL.

Die Extremform dieser Punktverteidigung ist eine „Igelstellung“. Hier igelt sich eine vom Feuer durch Überlaufen bedrohte Einheit in ihren Fahrzeugen ein. Die französischen Waldbrandeinheiten sind dafür speziell trainiert und ausgerüstet.

- Fahrzeuge: Stoßschutz für ganze Kabine außen (beinhaltet Verrohrung zum Kabinenschutz)
- Sprühdüsen mit ca. 1 – 1,5 L/(Fzg-Oberflächen-m^2 und min.) rund um das Fahrzeug und die Kabine verteilt. Schützen Kunststoff und sichern das Überleben in der Kabine. Betrieb aus Tanksumpf (ca. 300 L) mit E-Pumpe von Batterien, vom Fahrzeugmotor unabhängig.
- Leitungen des KFZ durch Ummantelung geschützt
- Hydroschilder für feinen Wassernebel mit ca. 150 L/min.

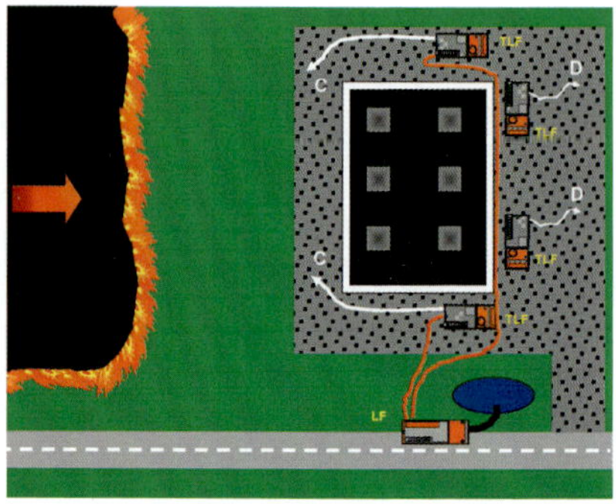

Abb. 122: Inselverteidigung eines wertvollen Objektes (z.B. Gebäude, Industrieanlage) bei ausreichender Wasserversorgung (hier: stilisiert dargestellt für offenes Gewässer). Achten Sie auf ausreichende Überdeckung der Wirkbereiche der Strahlrohre (für C ca. 10 – 15 m). Kleinere Gebäude können ggf. auch aus Swimming-Pools etc. mit Pumpen und kleineren Schläuchen verteidigt werden, wenn man weiß, wie es geht und ausreichend Vorarbeit (Räumen brennbaren Bewuchses in der Umgebung) geleistet wurde! (Grafik: Südmersen)

Abb. 123: Verteidigung eines Objektes durch eine französische Waldbrandeinheit. Zu schützendes Objekt wird eingekreist (hier wegen der kleineren Abmessungen der Übungsfläche nur mit den halben sonst üblichen Abständen). Nach dieser Aktion werden die Objekte innen und außen (Dach) kontrolliert, ob es ggf. doch Zündungen gegeben hat. (Foto: Cimolino)

Derartige Taktiken sind höchst riskant, weil man vom Feuer überlaufen wird!

Es setzt entsprechendes Training, ausreichend Löschwasser am zu verteidigenden Objekt bzw. spezielle Fahrzeuge und Ausrüstung voraus.

Abb. 124: Igelstellung einer französischen Waldbrandeinheit. Die Fahrzeuge laufen im Pumpenbetrieb. Die Hydroschilder werden von der FP versorgt und haben eine im Vergleich zu „normalen" Hydroschildern weit geringere Wasserleistung. Die Kabinen sind über eine von einer unabhängigen E-Pumpe betriebenen eigenen Sprüheinrichtung geschützt und verfügen über eine zentrale Atemluftversorgung. (Foto: Cimolino)

4.3.3 Einsatz von Löschwasserabwürfen

Löschwasser aus Luftfahrzeugen ist ein wertvolles Mittel für kritische Situationen oder in exponierten Lagen, aber auch die teuerste Form der Brandbekämpfung. Der Einsatz von Luftfahrzeugen muss daher gut geplant werden, weil er nicht nur teuer ist, sondern meist in der Praxis davon vor Ort auch nur wenige von den insgesamt schon recht geringen Ressourcen zur Verfügung stehen.

Löschwasserabwürfe sind in Deutschland in der Regel kein sofort verfügbares Einsatzmittel. Falls sie jedoch eingesetzt werden, ist folgendes zu beachten:

- Je nach Art[1] des Löschwasserabwurfes und der abzuwerfenden Menge muss das Zielgebiet von Löschmannschaften geräumt werden. In dieser Zeit kann sich das Feuer wieder entwickeln.

Abb. 125: Flächiger Löschwasserabwurf (Foto: FF Bad Reichenhall)

[1] Wird durch die Fluggeschwindigkeit, -höhe, das Fluggerät bzw. die Abgabeöffnung bestimmt. D.h. große Geschwindigkeit, große Flughöhe, schmale Ablassöffnung => breites Sprühbild, d.h. wenig Wasser je qm; langsame Geschwindigkeit, niedrige Flughöhe, große Ablassöffnung => Punktwurf, d.h. viel Wasser auf den qm.

- Auch wenn Löschmannschaften nach Absprache mit dem Piloten im Zielgebiet verblieben sind, sollte ein Benässen der Löschmannschaften vermieden werden. Zudem ergeben sich Gefahren durch losgeschlagene tote Äste oder Steine in Hanglagen.
- Insbesondere bei Punktabwürfen können die Rotor-Abwinde des Hubschraubers eine erhöhte Feuer-Aktivität verursachen.

Abb. 126: Punktueller Abwurf zum gezielten Nachlöschen. (Foto: Kögler, Ottendorf)

4.3.4 Kombinierter Einsatz

Insbesondere für die Bekämpfung von sehr großen Wald- bzw. Flächenbränden ist analog dem „Gefecht verbun-

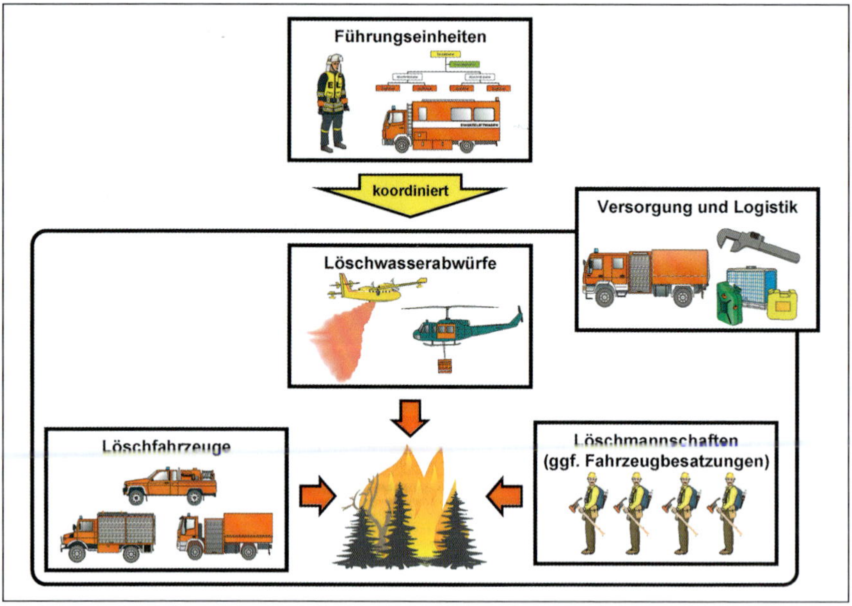

Abb. 127: Koordinierter Einsatz kombinierter Kräfte (Grafik: Weich/Cimolino)

dener Waffen" aus dem militärischen Bereich ein straff geführter Einsatz verschiedener „Teileinheiten" erforderlich, der von einer umfangreichen Logistik unterstützt wird, vgl. CIMOLINO et al. (2015).

Die wesentlichen Aufgaben der Teileinheiten sind nachfolgend kurz aufgeführt:

Führung

- Wissen um die Möglichkeiten und Grenzen der Einsatzmittel
- Nutzen von Kommunikationsmitteln
- Praktiziertes Teamwork (auch durch Einbindung von Spezialisten)

Versorgung und Logistik – organisieren von

- Essen, Trinken
- Geräte, Löschmittel
- Treib-/Schmierstoffe
- Lager (Übernachtungsmöglichkeit und Sanitäreinrichtungen)
- Instandhaltung/Reparaturen

usw.

Löschmannschaften (auch Fahrzeugbesatzungen)

- bekämpfen autark Feuer in schwer zugänglichen Gebieten
- schützen Punkte/Orte zusammen mit Fahrzeugen oder alleine
- legen Schneisen an und brennen diese ggf. aus (Vorfeuer)
- sichern durch Nachlöscharbeiten Löscherfolg und schaffen ihn so erst

Problem:

- können massive Feuerfront nicht oder nur bedingt angreifen!

Lösch-Luftfahrzeuge (Flugzeuge, Hubschrauber)

- brechen die Feuerfront bei Vollbränden
- fangen schnelllaufende Feuerfronten ein
- transportieren und versorgen Einsatzkräfte (Löschmittel und -geräte in exponierte Lagen)

Probleme:

- können Feuer nicht endgültig löschen!
- können bestimmte Gebiete nur schwer (oder gar nicht) erreichen!
- können bei bestimmten Witterungslagen nicht eingesetzt werden, i.d.R. auch nachts nicht!

Löschfahrzeuge

- Ablöschen von Feuerfronten (Bodenfeuer, bedingt Vollfeuer)
- schützen Punkte/Orte,
- sichern den Erfolg der Luftfahrzeuge entlang bestimmter Linien,
- unterstützen Löschmannschaften

Probleme:

- können Feuer nicht endgültig löschen!
- können bestimmte Gebiete nur schwer (oder gar nicht) erreichen!

4.3.5 Anlegen und Sichern von Feuerschneisen

Das Anlegen einer Feuerschneise ist in der Regel nur zum Aufhalten eines intensiven Vollbrandes sinnvoll, da aufgrund des immensen personellen und materiellen Aufwandes (Führungskomponente, mind. 2 Räumgeräte, pro 100 m mind. eine Waldbrand-Grundeinheit) in den meisten Fällen ein offensives Vorgehen die benötigten Einsatzmittel effektiver nutzt.

Allerdings kann das Anlegen als „Plan B" parallel betrieben werden, um den Einsatzerfolg eines offensiven Vorgehens zu sichern.

Das Anlegen dieser Schneise ist im Rahmen einer Einsatzleitung Stufe 4 gem. FWDV 100 unbedingt mit dem Waldbesitzer und zuständigen Forstbeamten abzustimmen und erfordert in der Regel den Einsatz von Privatunternehmen (z.B. mit Planierraupen) bzw. Bundeswehr (z.B. mit Bergepanzern).

Eine Feuerschneise muss immer drei Bestandteile haben:

- einen Wundstreifen, bei dem die Vegetation bis auf den Mineralboden entfernt worden ist und
- die Überwachung des Raumes an der Schneise, um ein Überlaufen der Schneise durch Gegenmaßnahmen zu verhindern sowie
- die Überwachung des Raumes auch hinter der Schneise, um durch Flugfeuer ausgelöste Brandinseln sofort zu bekämpfen.

Eine Feuerschneise besteht immer aus einem Wundstreifen und der Überwachung der davor und der dahinter liegenden Fläche!

Ein Wundstreifen sollte die doppelte Breite der zu erwartenden Flammenlänge haben. Er muss ggf. verbreitert oder stärker überwacht oder mit mehr Löschein-

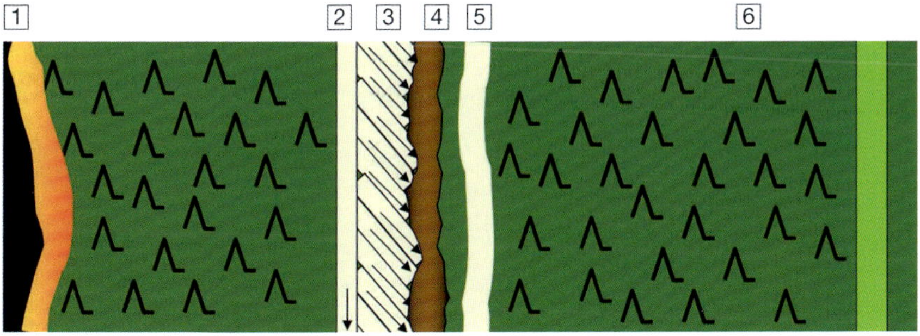

1 = Herannahender Feuersaum
2 = Abschließender Erdaufschub
3 = Versetzter Erdaufschub
4 = Aufgeschobene Vegetation
5 = Fahrweg zur Kontrolle der Feuerschneise
6 = Zu überwachender Raum

Abb. 128: Schema einer Feuerschneise mit eigenem Fahrweg hinter dem Wall. (Grafik: Südmersen)

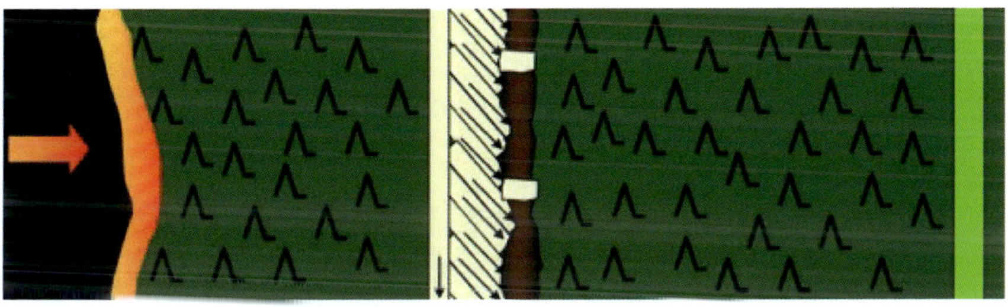

Abb. 129: Schema einer Feuerschneise, wie sie vermutlich eher die Regel sein dürfte. Wall mit mehreren Durchbrüchen als Zugangs- bzw. Zufahrtsmöglichkeit in den hinteren Bereich. (Grafik: Südmersen)

heiten bzw. -fahrzeugen besetzt werden, wenn es starke Winde gibt, oder der Wundstreifen an einem Hang liegt.

Dafür wird mit schwerem Räumgerät – oder mit der Hand! – an der vorgegebenen Linie einer Leit-Wundstreifen gezogen, der dann mittels versetztem Aufschieben verbreitert wird. Das aufgeschobene Material wird dabei zur feuerabgewandten Seite[1] aufgeschoben. Hinter dem aufgeschobenen Material muss eine Zufahrtsmöglichkeit für TLF vorhanden sein, um eine Ausbreitung des Brandes zu verhindern. Ist dies nicht möglich, sollten alle ca. 50 bis längstens 100 m Öffnungen

[1] Dadurch liegt i.d.R. Mutterboden und schlecht brennbares Material in Richtung Wundstreifen bzw. Feuer, während die mitgeschobene Vegetation in abgewandter Richtung liegt. Außerdem ist dann der Bereich zum Feuer leichter zugänglich.

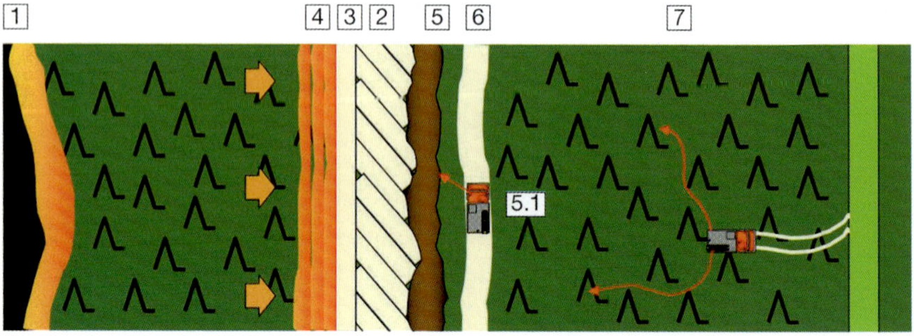

1 = Herannahender Feuersaum
2 = Versetzter Erdaufschub
3 = Abschließender Erdaufschub
4 = Vorfeuerstreifen
5 = Aufgeschobene Vegetation
5.1 = Verteidigung der Feuerschneise
6 = Fahrweg zur Kontrolle der Feuerschneise
7 = Zu überwachender Raum

Abb. 130: Sicherung einer Feuerschneise (Grafik: Südmersen)

in den Wall aufgeschobenen Materials eingebaut (-geschoben) werden, um vom Wundstreifen aus, der dann als Behelfsstraße dient, leicht mit Personal und ggf. Angriffsleitungen (wegen der größeren Beweglich- bzw. Schnelligkeit vorzugsweise D-Schläuche!) die Rückseite des Walls erreichen zu können.

Die Fläche hinter dem Wundstreifen muss durch hinreichend TLF und/oder Löschmannschaften abgesichert werden.

Anwendung von Vor- und Gegenfeuer

Vorfeuer sind Nutzfeuer, die von einem Wundstreifen ausgehend entgegen der Windrichtung gelegt werden, um die Wundstreifen zu verbreitern. Die Anwendung von Vorfeuern ist bei Beachtung entsprechender Sicherheitsregeln relativ sicher und effektiv

Abb. 131: Einsatz von Signalfackel und Flämmkanne (Drip Torch) im Rahmen der Ausbildung. (Foto: @fire)

Abb. 132: Legen eines Vorfeuers im Rahmen eines kontrollierten Brennens in der Lüneburger Heide, Sicherung durch TSF-W. (Foto: @fire)

– insbesondere in munitionsverseuchten Gebieten. Da in Deutschland abgesehen von @fire jedoch nur wenige Einsatzkräfte über geeignete Werkzeuge (Firing Tools) und eine entsprechende Ausbildung existieren, ist dies für die meisten Lagen eine eher theoretische Möglichkeit.

Sie sollten sich daher bei entsprechender Vegetation im Rahmen Ihrer Einsatzvorbereitung um mögliche Unterstützungskräfte mit entsprechender Ausbildung und Ausrüstung kümmern und diese rechtzeitig anfordern!

Gegenfeuer sind Nutzfeuer, die kurz vor einer herannahenden Feuerfront gelegt werden, um vom Luftzustrom zum Hauptfeuer hin geführt zu werden. Die Anwendung benötigt neben einer soliden Ausbildung sehr viel Erfahrung und ist bei falscher Anwendung sehr risikoreich.

4.3.6 Objektschutz

Wenn Wald- und Flächenbrände Objekte und Strukturen wie Gebäude, Trafostationen, Propangastanks o.ä. bedrohen und diese aufgrund nicht ausreichender Einsatzkräfte nicht mit einem offensiven Vorgehen geschützt werden können, muss ein defensives Vorgehen gewählt werden.

Abb. 133: Wald- und Flächenbrand droht auf ein Gebäude überzugreifen. (Foto: @fire)

Hierbei sind zwei Optionen zu unterscheiden:

1. Das Gebäude / die Struktur ist gut zu verteidigen: Niedriger Bewuchs, ausgedehnter Garten oder kurzes Gras, harte Bedachung, betonierte Flächen, ausreichende Wasserversorgung.
   In diesem Fall kann man die Option eingehen, dass der Feuersaum das zu schützende Objekt passiert und von anderen Einsatzkräften aufgefangen werden muss.
2. Das Gebäude ist schwer zu verteidigen: Trockener, hoher Bewuchs bis direkt an das Gebäude heran, viel brennbares Material am Haus und in der Nähe (Kaminholz, PKW, Baumaterialien), Gefahrgüter (Propangastank). Gebäude, die in Hanglagen oberhalb eines herannahenden Feuersaumes liegen und von dichtem Bewuchs umgeben sind, sind in der Regel nicht zu verteidigen.

Abb. 134: Flächenbrand bedroht mehrere Gebäude, wird aber vom grünen Bewuchs aufgehalten. Feuer kann dort gut gestoppt werden. (Fotos: LFV Niedersachsen)

In diesem Fall sollte, sobald man feststellt, dass eine Verteidigung erfolglos ist, sich zurückziehen.

Zur Verteidigung eines Objektes sollten folgende Schritte unternommen werden:

- Bewohner evakuieren (mit deren jeweils eigenen PKW, das reduziert die Brandlast, schützt deren Werte, Achtung – ggf. müssen die Fluchtbewegungen gut gesteuert werden!)
- Löschfahrzeug in die Einfahrt in Fluchtrichtung abstellen
- Verteiler setzen
- Ggf. C-Rohre links, rechts und in das Objekt legen
- Fenster und Rollläden schließen
- Leicht brennbares Material vom Gebäude entfernen
- Weitere PKW in die Garage oder weit entfernt abstellen
- Dach abspritzen, damit das trockene Laub in den Dachrinnen nass wird
- Dach anleitern
- Wasserentnahmemöglichkeiten (Pool, Gartenschlauch) zum Einspeisen in das Fahrzeug nutzen

Abb. 135: Großflächiger Flächenbrand auf Sizilien bedrohte Gebäude, dieses konnte verteidigt werden. Zu sehen sind die abgebrannten Flächen rundum und die „Gebäude-Insel". (Foto: Cimolino)

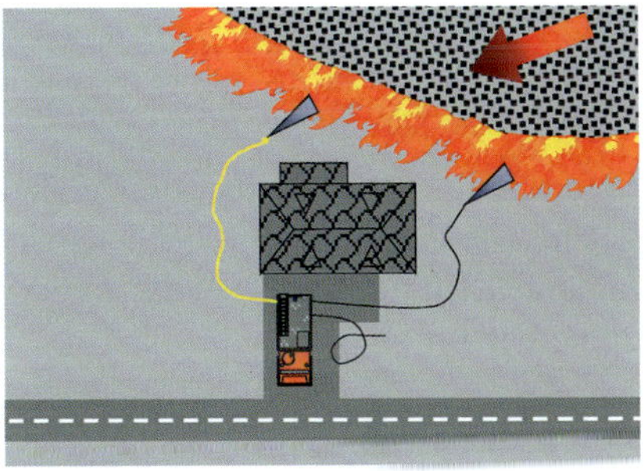

Abb. 136: Schutz eines Objektes – und die nötigen Rahmenbedingungen. (Grafik: Südmersen/@fire)

4.3.7 Wasserförderung

Größere Einsätze zur Brandbekämpfung erfordern ein koordiniertes Vorgehen zur Wasserförderung, vgl. DE VRIES et al. (2004) und SER zum Einsatz eines Zuges im Löscheinsatz (CIMOLINO, DE VRIES (2005). Beachten Sie, dass gerade bei Vegetationsbränden besondere Anforderungen an die Flexibilität und die Geländetauglichkeit der Wasserförderungstaktik bestehen.

Wasserförderung mit Schläuchen (über lange Wegestrecke)

Zum Auftrag „Wasserförderung mit Schläuchen" gehört u.a. zumindest eine überschlägige Berechnung der Pumpenabstände!

Der Zugführer befiehlt seinen Unterführern:

Vorbefehl

„Unser Auftrag: Wasserförderung mit einer doppelten B-Leitung vom Fluss zur Einsatzstelle. Es wird mit einer einfachen[1] B-Leitung begonnen."

Befehl:

„Wasserentnahme durch das LF 20-KatS, Verstärker-FP von den TSF hier .... und hier .... Je 5 B wird ein Reserve-Schlauch abgelegt. Vor jeder FP ist ein[2] Druckbegrenzungsventil und ein Absperrorgan[3] einzubauen.

Reserve-FP ggf. durch die TS vom LF 20-KatS."

Sofern BB-CBC-Verteiler[4] zur Verfügung stehen und an bestimmten Stellen eingebaut werden sollen, um Pendeleinspeisung mit TLF (auch als Puffer) oder redundante Leitungen (auch in der Angriffsleitung) zu ermöglichen, ist dies getrennt zu befehlen!

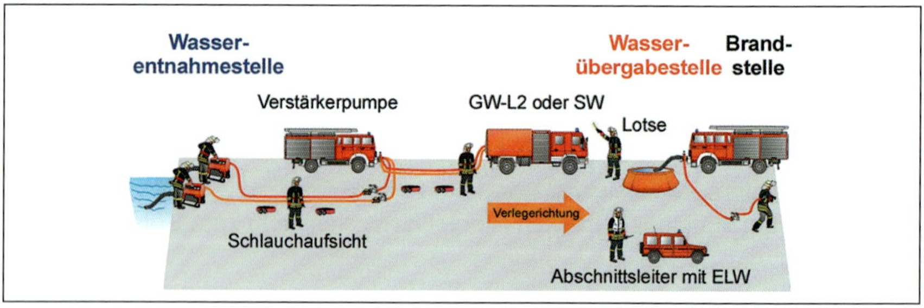

Abb. 137: Wasserförderung über lange Wegstrecke – prinzipieller Ablauf (Grafik: Weich, Düsseldorf)

---

1 Steht ein SW zur Verfügung, kann bei Schlauchstrecken bis ca. 1 km auch sofort doppelt verlegt werden. In allen anderen Fällen ist es für den schnelleren Beginn der Wasserförderung i.d.R. sinnvoller, zunächst mit einer einfachen B-Leitung zu beginnen. Ausnahme: Mehrere Einheiten arbeiten koordiniert und parallel auf der gesamten Förderstrecke daran, die Leitung aufzubauen!

2 Das gilt dann natürlich für jede im Folgenden zusätzlich aufgebaute Leitung.

3 Damit kann bei Pumpendefekt die FP leichter ausgetauscht werden.

4 Oft auch als „Waldbrand-Verteiler" bezeichnet.

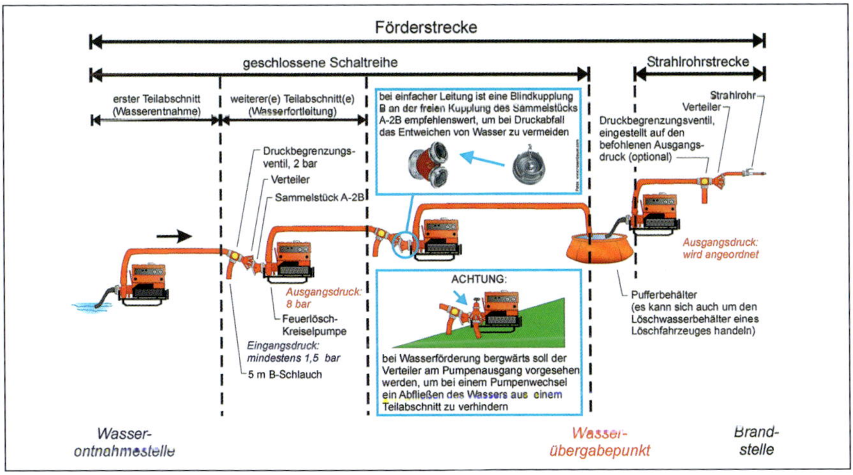

Abb. 138: Einsatzbeispiel mit offener Wasserentnahmestelle. (Grafik: Weich, Düsseldorf)

Pendelverkehr

Zum Auftrag „Wasserförderung mit TLF" bzw. „Wassertransport" gehört u.a. zumindest eine überschlägige Berechnung notwendiger TLF-Umläufe[1]!

Wenn (Tank-)Löschfahrzeuge im Pendelverkehr ohne Pufferbehälter eingesetzt werden (typisch z.B. in der Flächenbrandbekämpfung), sind BB-CBC-Verteiler zu verwenden, um eine unterbrechungsfreie Löschwasserversorgung gewährleisten zu können.

Einfacher Pendelverkehr

Der einfache Pendelverkehr beschreibt dabei den Wassertransport (bzw. die Wasserförderung) mittels Tanklöschfahrzeugen von einer Wasserentnah-

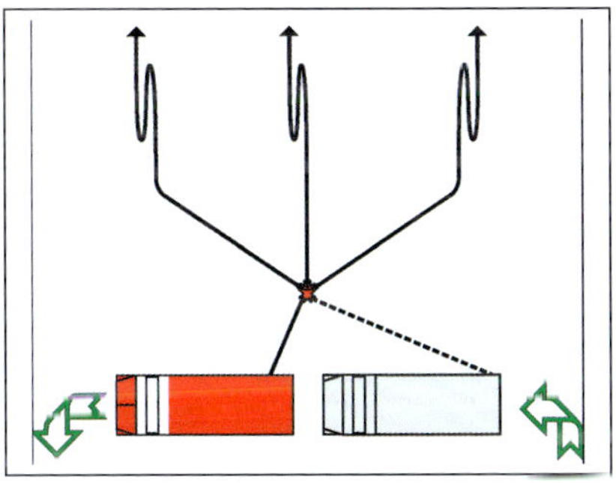

Abb. 139: Abliefern des Löschwassers an einem BB-CBC-Verteiler (also ohne Pufferbehälter) im Pendelverkehr an der Angriffsleitung (Grafik: de Vries)

[1] Ergibt sich aus den zur Verfügung stehenden TLF und der zu transportierenden durchschnittlichen Wasserabgabemenge, vgl. einschlägige Tabellen z.B. im Einsatzleiterhandbuch, EDV-Hilfsmittel usw.

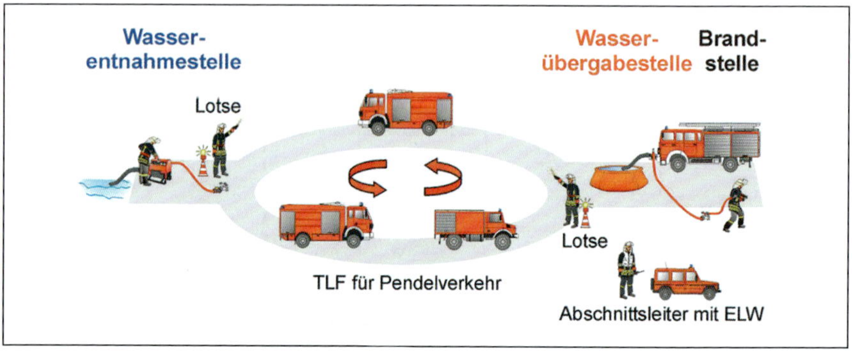

Abb. 140: Pendelverkehr mit TLF – prinzipieller Aufbau. (Grafik: Weich, Düsseldorf)

mestelle (möglichst mit dort aufgestellter eigener geeigneter FP, z.B. TS) zu einer Wasserübergabestelle (z.B. auch Auffangbehälter mit dort stehender Entnahme-Kraftspritze) mit von dort erfolgender Weiterleitung mittels Schläuchen bzw. direkt zum „Angriffsverteiler" (möglichst BB-CBC).

Doppelter Pendelverkehr

Hierbei wird mit großen TLF ((P)TLF 4000, 20/40(-SL), TLF 24/50, G-TLF, WLF mit AB-Tank, ggf. auch Traktoren mit Gülleanhängern o.ä.) Wasser von einer Wasserentnahmestelle (möglichst mit dort aufgestellter eigener geeigneter FP, z.B TS) zu einer Wasserübergabestelle (z.B. auch Auffangbehälter mit dort stehender Entnahme-Kraftspritze) oder direkt in andere (kleinere!) TLF bzw. andere Fahrzeuge mit kleinen Tanks (z.B. „KLF" auf Basis von Pickups o.ä.) transportiert, um mit den kleineren, wendigeren und ggf. geländegängigeren Fahrzeugen dann die Einsatzstelle in schwierigem Gelände erreichen zu können.

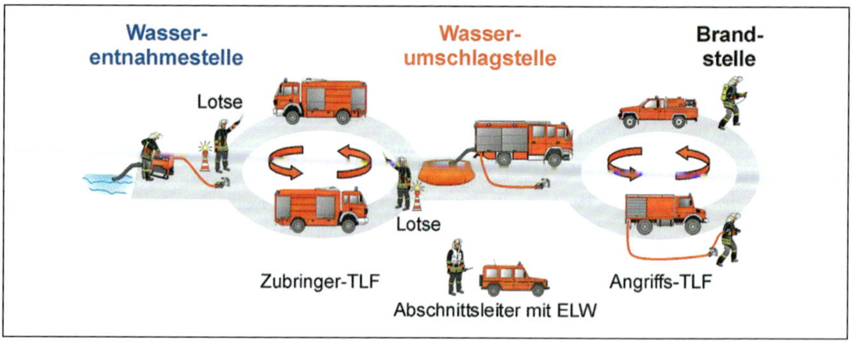

Abb. 141: Doppelter Pendelverkehr – prinzipieller Ablauf (Grafik: Weich, Ribnitz-Damgarten)

(Doppelter) Pendelverkehr mit Luftfahrzeugen

Eine besondere Version ist der Einsatz von Luftfahrzeugen (hier i.d.R. Hubschrauber) für eine dieser Transportmöglichkeiten!

Version 1 – Hubschrauber befüllt den ALB aus offenem Auffangbehälter (oder ALB wird über Fahrzeuge befüllt):

Hier wird zunächst konventionell (mit Schläuchen oder TLF) Wasser in die Nähe der (ggf. schwierig (oder un-) zugänglichen) Einsatzstelle gefördert, um von dort stehenden großen Wasserentnahmebehältern mit Löschwasser-Außenlastbehältern aufgenommen zu werden. Dies verkürzt die Umläufe für die Hubschrauber und ergibt mehr Abwürfe bis zum nächsten Tankstopp! Diese Technik wurde v.a. von Brandenburg weiter entwickelt.

Abb. 142: Entnehmen von Wasser mit ALB (Bambi-Bucket) an Hubschrauber der Bundespolizei. Der ALB wird in einem großen Faltbehälter getaucht, der mit Leitungen (oder Fahrzeugen) befüllt wird. (Foto: LSTE Brandenburg)

Eine Untervariante ist das direkte Befüllen der ALB mit Schläuchen. Dies ist aber viel aufwändiger und für die Befüllmannschaften auch sehr unangenehm (Rotorabwind = Downwash!).

Abb. 143: Pendelverkehr mit Hubschrauber zu einem Behälter in schwer zugänglichem Gebiet, von dem aus mit einer kleinen TS Wasser entnommen wird. Je kleiner der Faltbehälter und je größer der Außenlastbehälter, umso größer ist das Problem für den Piloten. (Foto: Cimolino)

Version 2 – Hubschrauber füllt einen Behälter über den ALB:

In schwierigem Gelände (z.B. im Gebirge) können aus dem stationären Behälter über kleine Pumpen die Leitungen mit Löschwasser versorgt werden, die sonst nur mit erheblichem personellen bzw. materiellen Aufwand – oder gar nicht! – versorgt werden könnten.

Aufbau von Redundanzen

Der Begriff Redundanz[1] beschreibt „technische Reserven" oder „Rückfallebenen". In diesem Falle bedeutet der Aufbau von Redundanzen, dass mehr Leitungen verlegt und/oder mehr Wasserversorgungsstellen angezapft werden, als eigentlich erforderlich wären. Die Vorteile des frühzeitigen Aufbaus von Redundanzen liegen in einer höheren Sicherheit beim Löschangriff durch Wasserversorgungen, die sich zumindest teilweise ausgleichen können sowie in einer höheren Flexibilität z.B. für den Austausch oder das Umsetzen von Fahrzeugen, ohne die Wasserversorgung zu Rohren unterbrechen zu müssen.

Diese Redundanzen können

- die Versorgung der Löschfahrzeuge mit Wasser über verschiedene Versorgungsleitungen (z.B. über Verteiler 2B-CBC),
- die eingesetzten Pumpen,
- die eingesetzten Fahrzeuge (z.B. für den Pendelverkehr),
- die Versorgung der Angriffsleitungen von den Löschfahrzeugen zum Verteiler
- bzw. deren Mischformen

umfassen.

Neben der Schaffung von Redundanzen wird mit derartigen Verfahren auch die Leistungsfähigkeit der Förderleitungen erhöht, weil weniger Reibungsverluste anfallen. Außerdem ermöglicht die Anwendung von BB-CBC-Verteilern (vgl. Cimolino, de Vries (2005) den Austausch von Fahrzeugen, z.B. in der Waldbrandbekämpfung über Pendelverkehr, ohne die Löschmittelabgabe am Strahlrohr unterbrechen zu müssen.

Taktische Fehler, die von den ersten Fahrzeugen gemacht werden, bzw. taktische Varianten, die hier nicht vorbereitet werden, können i.d.R. später nicht wieder ausgeglichen werden. Dies gilt gleichermaßen für die Wasserversorgung aus Überflur- und Unterflurhydranten sowie aus offenen Wasserentnahmestellen. (Da in vielen Fällen das Wasser aus (Unterflur-)Hydranten entnommen wird, ist in den folgenden Abbildungen nur ein Standrohr als „Platzhalter" dargestellt, das kann natürlich auch eine Wasserentnahmestelle oder ein TLF im Pendelverkehr o.ä. sein.)

---

[1] Redundanz: Vorhandensein von mehr als für die Ausführung der vorgesehenen Aufgaben an sich notwendigen Mittel. (nach DIN 40041, Teil 4).

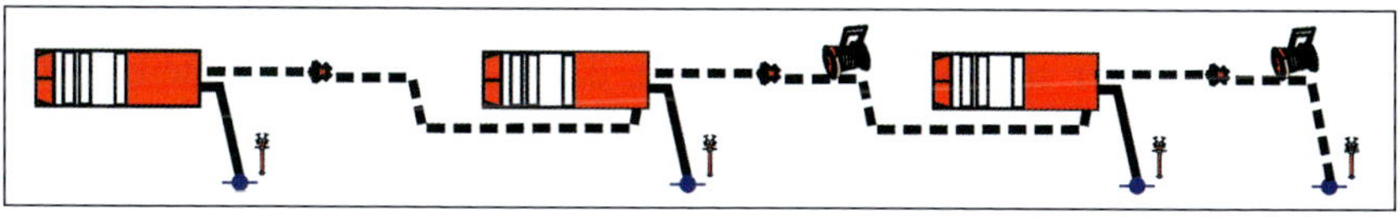

Abb. 144: Wasserversorgungskaskade (Grafik: de Vries)

Die Hauptvarianten werden in den Standard-Einsatz-Regeln (SER) „Einsatz von Löschgeräten“ und „Der Zug im Löscheinsatz“ beschrieben. Diese sind als „Baukasten“ zu verstehen, die je nach aktueller Lage verwendet oder angepasst werden können.

Am wichtigsten für den Vegetationsbrandeinsatz ist die Wasserversorgungskaskade nach *Abb. 143* und die redundante Verteilerstrecke mit BB-CBC-Verteiler, vgl. *Abb. 144*.

Wasserversorgungskaskaden sind bei der Absicherung einer langen brennenden Waldbrandfront an einem Wundstreifen oder einer Straße eine mögliche und sichere Alternative. Dies kann z.B. bei der Verteidigung einer Bebauung am Waldrand eine gute Option sein.

Vom erstangreifenden Fahrzeug aus sollte beim Aufbau des Löschangriffs ein BB-CBC-Verteiler gesetzt werden, damit ein anderes Fahrzeug sowohl das erste Fahrzeug wie auch den BB-CBC-Verteiler redundant mit Wasser versorgen kann.

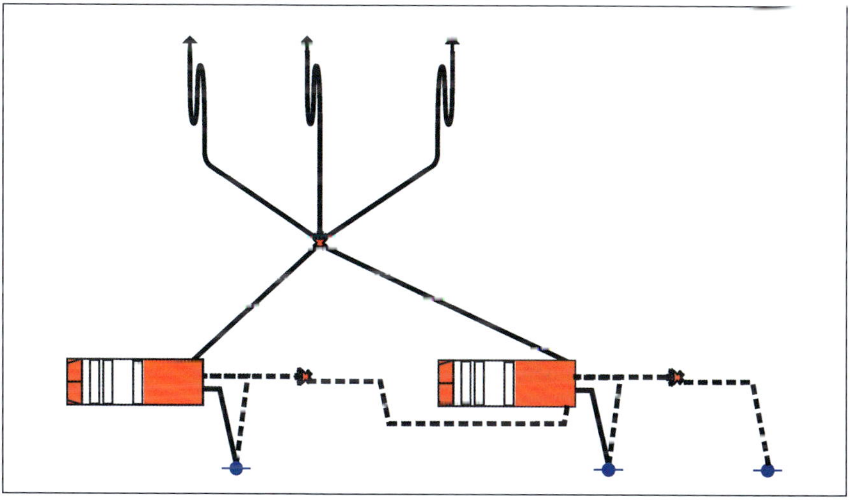

Abb. 145: Doppelte Einspeisung und redundante Verteilerstrecke. (Grafik: de Vries)

In der geschlossenen Schaltreihe bzw. in der zweiten Hydrantenstrecke ist ein BB-CBC-Verteiler sinnvoll (*vgl. Abb. 143*), damit hier ggf. ein weiteres Fahrzeug einspeisen oder Fahrzeugwechsel durchgeführt kann. Bei Verwendung fest eingebauter Zumischeinrichtungen müssen diese mit der gleichen Zumischrate betrieben werden.

4.3.8 Nachlöscharbeiten

Nachlöscharbeiten gehören zu den wichtigsten Tätigkeiten bei Wald- und Flächenbränden. Zu oft werden durch den Wind vorhandene Glutnester wieder angefacht und verursachen einen erneuten Brand.

Nachlöscharbeiten sind sorgfältig durchzuführen und auf ihre Wirkung zu kontrollieren[1]!

Allerdings ist es auch widersinnig, an einer Flanke schon mit Nachlöscharbeiten zu beginnen, während z.B. die Feuerfront noch nicht abschließend bekämpft ist.

Für die Nachlöscharbeiten ist nach Möglichkeit noch nicht eingesetztes Personal zu verwenden, um ermüdungsbedingte mangelnde Gründlichkeit auszuschließen.

Auch Nachlöscharbeiten folgen Prioritäten:

1. Nachlöschen eines Sicherheitsstreifens ca. 1 m vor und 5 m hinter dem Feuersaum

alternativ: Anlegen eines Wundstreifens zur Sicherung

2. Ringförmiges Nachlöschen des Innenraumes
3. Offenlegen und Ablöschen von Glutnestern

Abb. 146: Anlegen eines Wundstreifens zur Sicherung eines abgelöschten Feuersaums. „Übererden" ist nur in Ausnahmefällen sinnvoll, da darunter langes Nachschwelen mit entsprechender Rückzündungsgefahr besteht. Besser immer komplett ablöschen. (Foto: Sven Motz, Osnabrück)

[1] Kontrolle mit Einsatz von Wärmebildkameras (auch z.B. aus der Luft!) und/oder über Brandnachschauen.

4. Nachlöschen oder Übererden von schwelenden Baumstümpfen o.ä.

Der passende englische Fachbegriff ist dafür: Mopping up the fire, wörtlich übersetzt, das Feuer aufwischen.

Nachlöscharbeiten sind ebenfalls anstrengende körperliche Tätigkeiten; auf regelmäßiges Trinken und Personaltausch ist daher zu achten.

Für die Durchführung von Nachlöscharbeiten eignen sich mit Löschrucksäcken, Schaufeln und Waldbrandäxten ausgestattete Trupps.

Abb. 147: Glutnester müssen zumeist manuell aufgedeckt und abgelöscht werden – ein bloßes Benetzen der Fläche reicht nicht aus. (Foto: @fire)

Der Einsatz von Wärmebildkameras am Boden und aus der Luft (Hubschrauber der Polizei) ist äußerst sinnvoll. Wenn eine Brandwache gestellt wird, ist diese nach Möglichkeit mit einer Wärmebildkamera auszustatten.

5 Muster-SER

Die nachfolgende, auf der FE des DFV basierende Muster-Standard-Einsatz-Regel (SER) kann im Downloadbereich als Word-Dokument geladen werden (siehe erste Seite der Broschüre). Sie muss an die Gegebenheiten der eigenen Feuerwehr und deren materielle und personelle Ausstattung sowie an das jeweilige Einsatzszenario (Waldbrand, Moorbrand ...) angepasst werden und soll die Erstellung einer eigenen SER erleichtern. Die Inhalte der Broschüre geben dazu fundierte Informationen und Hinweise.

5.1 Zweck und allgemeine Hinweise

Diese SER beschreibt das allgemeine Vorgehen zur Bekämpfung von Vegetationsbränden. Dabei handelt es sich im Regelfall um einen Einsatz zum Erhalt der Nutz-, Schutz- und Erholungsfunktion von Wäldern, Busch- bzw. Heideflächen oder landwirtschaftlichen Nutzflächen.

Größere Vegetationsbrände bestehen aus einem charakteristischen Erscheinungsbild (Ellipse, Eierform), die von einem Feuersaum, der Feuerfront und seinen Flanken charakterisiert wird.

Bei Waldbränden wird dazu noch zwischen Boden-, Wipfel- und Vollfeuer unterschieden. Die Art des Brandes hängt dabei von der Vegetation (Bestandverhältnissen, Bestockungsgraden, Baumarten, Altersklassen), den topographischen Geländeverhältnissen und den meteorologischen Verhältnissen (Temperatur, Wind und Luftfeuchtigkeit) ab.

5.1.1 Einfluss der Vegetation

Je nach Vegetationsart besteht ein mehr oder weniger großes Risiko auf Entstehung und Ausbreitung:

- Nadelbäume (Kiefer, Fichte, Tanne, Lärche etc.) sind wesentlich brandgefährdeter als Laubbäume (Buche, Eiche, Ahorn, Kastanie, Esche etc.).
- Laubbäume werden in der heutigen Forstwirtschaft in besonders waldbrandgefährdeten Gebieten als natürliche „brandresistente" Riegelstellungen gepflanzt.
- Vor allem Nadelbäume junger Altersklassen (Dickungen, Stangenhölzer) sind aufgrund ihrer bis zum Boden reichenden Verastung besonders brandgefährdet.
- Sandige Böden sind aufgrund ihres geringen Wasserhaltevermögens insgesamt für das Risiko schlechter als wasserhaltige lehmige Böden.
- In den Frühjahrsmonaten ist die Waldbrandgefahr (Anzahl der Waldbrände) aufgrund der „ausgetrockneten Vegetation" besonders hoch.
- Dagegen treten sich mit dem Wind sehr schnell ausbreitendende Brände von trockenen Feldbeständen (Getreide) naturgemäß eher zum Ende des Sommers oder im Herbst auf.
- In den kontinental getönten Gebieten Ost-Deutschlands (heiße und niederschlagsarme Klimagebiete) ist die Waldbrandgefahr meist höher als in den übrigen Teilen Deutschlands, gleichwohl zeigt die Erfahrung, dass in nahezu allen deutschen Bundesländern in den letzten Jahrzehnten ebenfalls große Vegetationsbrände zu verzeichnen waren.

Im Rahmen der Einsatztaktik sollte immer beachtet werden, dass die Brandausbreitung in Bereiche mit dieser Vegetation vermieden wird. Im Einsatzfall sind diese Bereiche vorzugsweise abzuriegeln, da ein wirksamer Löschangriff große Mengen an Wasser erfordern wird.

5.1.2 Einfluss des Geländes

Insbesondere können Brände in hügeliger oder bergiger Umgebung (z.B. Grafenberger Wald) eine besondere Gefahr darstellen.

Brände breiten sich mit der Wärmestrahlung und ggf. dem Aufwind hangaufwärts besonders schnell aus, daher ist ein Löschangriff oder das Legen von Schneisen oberhalb von Feuersäumen äußerst kritisch. Häufig wird die Brandausbreitungsgeschwindigkeit deutlich unterschätzt! Dazu kommt ggf. noch die Absturzgefahr im bergigen Gebiet!

5.1.3 Einfluss des Wetters

Neben den biotopischen Voraussetzungen eines Waldbestandes (Baumart, Alter, Bestockung, Bodenbewuchs, etc.) und der geographischen Lage sind die meteorologischen Verhältnisse (Windstärke bzw. Windrichtung, Luftfeuchtigkeit und in Teilen auch die Temperatur) wesentlich für die Ausbreitung bzw. den Bekämpfungserfolg.

Aussagen zur Waldbrandgefahrenprognose:

http://www.wettergefahren.de/warnungen/indizes/waldbrand.html

Insbesondere für die Bewertung der Gefahren von Wiesen- oder Strohbränden:

https://www.dwd.de/DE/leistungen/graslandfi/graslandfi.html

5.1.4 Taktische Prioritäten

Im Gegensatz zur Bekämpfung von Gebäudebränden liegt die erste Priorität bei der Bekämpfung von Vegetationsbränden in der schnellst möglichen Eingrenzung des Brandes. Ein komplettes sofortiges Ablöschen der gesamten Fläche ist in den seltensten Fällen möglich und zunächst auch nicht von oberster Priorität.

Die Eingrenzung des Brandes sollte mit der Bekämpfung der Feuerfront bzw. dem Aufrollen der Flanken beginnen, sofern dies wegen der Brandintensität <u>ohne</u> Eigengefährdung möglich ist.

Andernfalls muss an einer taktischen günstigen Stelle (günstig bzgl. Vegetation und Gelände) versucht werden, die Feuerfront anzuhalten. Dabei sollte von einer möglichst gesicherten Position („Ankerpunkt") aus vorgegangen werden.

Der Schutz von Objekten (Gebäude, Installationen etc.) hat Vorrang vor dem Schutz der Vegetation. Bei Gebäuden sind vor Eintreffen einer Feuerfront alle Fenster und Türen zu verschließen, besondere Brandlasten um die Gebäude (Büsche, Kaminholz, Fahrzeuge) sind zu entfernen. Wenn das nicht möglich ist, kann durch laufende Benetzung mit Wasser oder mit dem Auflegen einer Schaumschicht (am besten Schwerschaum, KEIN AFFF!) versucht werden, einen gewissen Schutz vor Entzündung zu erreichen.

5.2 Geltungsbereich

Diese SER gilt primär für alle Einsätze im Gemeindegebiet xyz (oder der Feuerwehr xyz).

Diese SER gilt sinngemäß auch für den überörtlichen Einsatz der Einheiten der Feuerwehr xyz. Die Details sind dann mit der anfordernden Stelle bzw. der Einsatzleitung vor Ort abzustimmen.

5.3 Begriffe

SER: Standardeinsatzregel

Vegetationsbrand: Alle Brandeinsätze in der freien Vegetation (Wiesen, Felder, Büsche, Bäume)

5.4 Zuständigkeiten

Für die Brandbekämpfung ist die Feuerwehr zuständig, ihr obliegt die Einsatzleitung.

Die zuständige Forstbehörde bzw. der Eigentümer der Fläche ist bei größeren Einsätzen beratend hinzuziehen.

Unterstützen können noch

- Forst- und landwirtschaftliche Maschineneigner
- Meteorologen
- Hubschrauber (zur Erkundung und zum Löscheinsatz mit Außenlastbehältern)

5.5 Einsatz der Feuerwehr

5.5.1 Einsatz von Luftfahrzeugen

Vegetationsbrandbekämpfung aus der Luft ist immer nur als unterstützende Maßnahme zur bodengebundenen Waldbrandbekämpfung anzusehen!

Mit Löschwasserabwürfen von Luftfahrzeugen sind in erster Linie schnell laufende Feuersäume zu bekämpfen. Dies muss aber mit dem Einsatz von Löschfahrzeugen und Löschmannschaften begleitet werden, damit sich einmal niedergeschlagenes Feuer nicht wieder entwickeln kann.

Bei Wasserabwürfen durch Luftfahrzeuge können durch die Wucht und Schwere der Wassermengen Einsatzkräfte schwer verletzt werden. Daher muss der zusätzliche Einsatz von Luftfahrzeugen bei der Waldbrandbekämpfung in der Einsatzleitung eng koordiniert werden.

Beachten Sie beim Einsatz von Löschwasseraußenlastbehältern an Hubschraubern, dass nicht alle Behälter von allen Hubschraubertypen geflogen werden können (Gewichtsgrenzen der einzelnen Hubschraubertypen) und nicht mehr jeder Hubschraubertyp schnell verfügbar ist.

Der Einsatz von Hubschraubern mit Außenlastbehältern (ALB) erfordert daher eine intensive Planung. Dabei ist für den Einsatz zu klären:

- Wer kann aktuell einen solchen Einsatz durchführen? (In NRW stehen dafür grundsätzlich zur Verfügung: Bundespolizei, Bundeswehr oder andere Streitkräfte, ggf. Private; in Bayern dagegen auch die Hubschrauber der Landespolizei)
- Welche ALB stehen zur Verfügung und können mit den zur Verfügung stehenden Hubschraubern auch „verflogen" werden (starre Außenlastbehälter (z.B. ALB 5000) praktisch nur mit CH 53 der Bundeswehr oder der Chinook der niederländischen Streitkräfte / Außenlastfaltbehälter (z.B. Bambi Bucket auch mit der Bundespolizei)).
- Welche regionale Einsatzzeit/Einsatzbereitschaft ist nach der Vorplanung realistisch?
- Sind regionale Unterstützungseinheiten dafür notwendig bzw. vorgesehen?

Sollen Hubschrauber im Pendelverkehr eingesetzt werden, so werden ausreichend große und stabile offene (Falt-)Behälter benötigt. Eine Aufstellung spezieller (Falt-) Behälter in direkter Nähe zur Einsatzstelle kann die Effizienz der Waldbrandbekämpfung aus der Luft entscheidend steigern.

Werden gleichzeitig mehrere Hubschrauber – noch dazu verschiedener Größe und Leistung bzw. auf engem Raum – eingesetzt, so sollte eine fliegerische (Abschnitts-)Leitung eingerichtet und betrieben werden, die mit fachkundigem Personal besetzt wird und die zwingend über geeignete Kommunikationsmittel direkt zu den Fluggeräten verfügt.

Der Löschwasserabwurf und -transport aus Fluggeräten muss immer gut geplant sein. Geht er am Ziel vorbei, kann er nicht nur Schaden z.B. an Einsatzpersonal oder Fahrzeugen anrichten, er ist eine sehr teure Form der Löschwasserverschwendung!

5.5.2 Einsatz von Löschfahrzeugen

Insbesondere in der frühen Phase von Wald- und Flächenbränden gilt, dass mit dem vorhandenen Wasser äußerst effizient umgehen werden muss. Wenn Wasser mit einer unnötig hohen Applikationsrate ausgegeben wird, ist der Löschwasservorrat zu schnell aufgebraucht.

Für das Ablöschen von Bodenfeuern, die den Hauptanteil der Waldbrände in Deutschland darstellen, kann eine Vornahme von C- und D-Rohren ausreichen (grundsätzlich Sprühstrahl). Dies erleichtert die „Manövrierbarkeit" der Leitungen im Gelände und der in den Schläuchen enthaltenen Wassermengen (C 15/42 ca. 21 L).

Mit Wasser aus Strahlrohren sollen nur Brandabschnitte mit offenen Flammen und einer intensiven Flammenentwicklung bekämpft werden. Ein komplettes Ablöschen und Nachlöschen des Feuersaumes erfolgt bei größeren Bränden erst in einem späteren Schritt mit einem weiteren Löschfahrzeug oder Löschmannschaften.

Beim Überfahren von Feuersäumen können Steuerungs- oder Versorgungsleitungen (z.B. Druckluft, Kraftstoff, Hydraulik) des Fahrzeuges beschädigt werden und das Fahrzeug somit auf dem Feuersaum stehen bleiben. Für eine solche Art der Brandbekämpfung muss das Fahrzeug daher technisch besonders ausgelegt sein. Derartige Fahrzeuge sind bisher in Deutschland nur wenige vorhanden. Man sollte bis zum sicheren Feststellen des Gegenteils davon ausgehen, dass die (Lösch-)Fahrzeuge ungeschützt gegen Flammeneinwirkung sind!

Sofern man einen Brand von hinten, d.h. von der verbrannten Seite her bekämpft, muss vor dem eigentlichen Löscheinsatz erst der (Auf-)Stellplatz des Fahrzeuges abgelöscht werden.

Wenn keine sichere Wendemöglichkeit in einem Waldweg oder einer Gebäudezufahrt vorhanden ist oder im Zuge des Einsatzes direkt mitgeschaffen werden kann, muss rückwärts eingefahren werden, um notfalls einen schnellen Rückzug anzutreten.

Zur Eigensicherung sollte es immer möglich sein, ein weiteres C- oder D-Rohr bzw. das S-Rohr vorzunehmen – daher sollten nicht alle Druckabgänge belegt und immer ca. 300 – 400 Liter Wasser im Tank zurückgehalten werden.

Wird das Feuer frontal angegriffen, sollte das Fahrzeug in Fluchtrichtung stehen. Wegen der schnelleren Lösbarkeit der Schlauchkupplungen vom Fahrzeug im Falle eines Rückzuges, sollten Rollschläuche eingesetzt werden oder die Rohre über einen Verteiler vorgenommen werden.

Feuersäume mit intensiver Flammenbildung (Flammen länger als ca. 2 Meter) sollten von nicht speziell ausgebildeten Einsatzkräften v.a. bei mangelnder Löschwasserversorgung nicht frontal angegriffen, sondern von hinten oder seitlich der Flanken her aufgerollt werden. Damit wird die Gefahr minimiert, von Teilen des Feuersaumes eingeschlossen zu werden.

Speziell für die Waldbrandbekämpfung ausgerichtete Tanklöschfahrzeuge sollten Löschwasser dosiert während der Fahrt abgeben können (Pump and Roll) und über eine angemessene Geländegängigkeit verfügen. Außerdem sollten sie zumindest künftig mit einem entsprechenden Schutz der Leitungen ausgestattet sein.

Kleine wendige Tanklöschfahrzeuge oder speziell entwickelte Waldbrandtanklöschfahrzeuge sollten als Angriffsfahrzeuge, große und schwere Tanklöschfahrzeuge als Zubringerfahrzeuge genutzt werden. Ein Wasserübergabepunkt mit entsprechender Pufferkapazität ist festzulegen.

Der Einsatz von Netzmitteln erhöht die Effektivität des eingesetzten Löschwassers und kommt so dem i.d.R. herrschenden Mangel an diesem entgegen und ist damit zwingend anzustreben.

Luftschaum, Druckluftschaum und Gelbildner sind besonders geeignet, um Schneisen und Objekte zu sichern.

Bei großflächigen Waldbränden empfiehlt es sich als Vorteil, mit neutralen Farbzusätzen zu arbeiten, damit die Piloten der Luftfahrzeuge erkennen können, wo sie schon Löschflüge getätigt haben.

Lassen Sie niemals Fahrzeuge mit heißen Abgasanlagen (v.a. Katalysatoren, künftig aber auch immer mehr Euro VI-Fahrzeuge, die sich ggf. in den Regenerationsmodus schalten könnten) auf trockenen Feldern o.ä. stehen! Es besteht die Gefahr, dass die trockene Vegetation sich daran entzündet. Versperren Sie niemals die Zufahrt zu Waldwegen, da diese als Angriffswege für die Feuerwehren dienen.

5.5.3 Einsatz von Löschmannschaften

Durch den Einsatz von ausgebildeten Löschmannschaften, die u.a. mit Rückenspritzen, Feuerpatschen und Schaufeln ausgestattet sind, können Feuersäume mit Flammenlängen bis zu 1 – 2 Meter Höhe bekämpft werden.

Dabei werden mittels Rückenspritzen und Sandwurf die Abschnitte mit besonders intensiver Flammenbildung abgelöscht, verbleibendes Feuer und weniger intensiv brennende Feuersäume können mit Feuerpatschen und Schaufeln bekämpft werden.

Besonders beim Einsatz der Löschmannschaften ist auf die Einhaltung der folgenden Sicherheitshinweise zu achten:

5.5.4 Persönliche Schutzausrüstung

Beim Arbeiten in der Nähe von Feuersäumen muss die Schutzkleidung einen guten Kompromiss zwischen Schutzwirkung vor kurzzeitigen Flammenkontakt, Funkenflug und einem möglichst guten Tragekomfort bieten.

Die Verwendung von mehrlagigen Feuerschutzjacken und -hosen nach DIN EN 469 ist bei warmer Witterung eine zu große Belastung für den Träger.

Empfehlenswert ist die Verwendung einer einlagigen Feuerschutzjacke und -hose z.B. entsprechend HuPF Teil 2 und 3. Die Ärmel- und Hosenbündchen sind möglichst zu schließen. Der Kragen der Jacke ist hochzustellen und zu schließen.

Für Arbeiten am Feuersaum sollten die Löschmannschaften ferner durch eine Flammschutzhaube geschützt sein.

Ein Feuerwehrhelm (möglichst leicht!) mit Nackentuch, geeignete Schutzhandschuhe und Stiefel[1] gehören zwingend zur notwendigen PSA.

Das Tragen von Atemschutz (Atemschutzanschluss mit Filter oder umluftunabhängiges Atemschutzgerät) ist in der Regel nicht erforderlich bzw. belastet den Träger zu stark. Ein Partikelfilter oder ein zusätzliches Baumwolltuch in Verbindung mit einer dichtschließenden Schutzbrille kann ein Arbeiten in leicht verrauchten Gebieten erleichtern.

Als Fluchtgerät sollte allerdings eine Atemschutzmaske mit Filter (CO bzw. Kombinations- oder „Feuerwehrfilter“ A2B2E2K2-P3) mitgeführt werden.

Das vorsätzliche Benässen von Schutzkleidung ist aufgrund eines möglichen Heißdampfdurchschlages gefährlich und daher zu unterlassen!

5.5.5 Schutz vor Hitzeerschöpfung

Da bei Vegetationsbränden unter erschwerten Bedingungen schwere körperliche Arbeit geleistet werden muss, sollte vor, während und nach dem Einsatz ausreichend getrunken werden. Als Faustformel gilt hier ungefähr 1 Liter/Stunde.

1 Im steilen Berghang können hier stabile Bergschuhe die notwendige und bessere Lösung sein!

Physiologisch ist es dabei sinnvoller, alle 10 Minuten ein paar Schlucke nehmen, anstatt nach einer Stunde einen Liter herunter zu stürzen – das kann der Körper nicht aufnehmen. Als Getränke sollten nur Wasser oder Fruchtsaftschorle verwendet werden.

Trinkwasser kann am Mann / an der Frau z.B. in Feldflaschen oder Trinksystemen mitgeführt werden.

Bedenken Sie bitte, dass die Löschmannschaften durch frische Einsatzkräfte abzulösen sind bzw. ersetzt werden müssen.

5.5.6 Arbeits- und Löschgeräte, Einheiten, Hinweise

Die Zusammenstellung der Arbeits- und Löschgeräte für Löschmannschaften hängt stark von der vorhandenen Vegetation ab. Dazu gehören u.a.

- Hacken (z.B. so genannte Feuerrechen oder Wiedehopfhauen)
- Schaufeln („Bayrische Sandschaufeln" sind besonders geeignet)
- Waldbrandpatschen
- Motorkettensägen mit spez. PSA und Zubehör
- Rückentragespritzen o.ä.
- eventuell bzw. ggfs. D-Schlauchmaterial, C-DCD-Verteiler, einfache D-Hohlstrahlrohre
- Tragegestelle für die Ausrüstung und Versorgung

Der seit einigen Jahren genormte Zusatzbeladungssatz Waldbrand nach DIN 14800-18, Beiblatt 10, Beladungssatz J liefert eine gute Basisausrüstung dafür. Dieser Satz ist in den Feuerwehren der Gemeinde xyz auf den LF-KatS und TLF 3000 der FF A, B und C verlastet.

Vielerorts werden risikoabhängig Sondereinheiten zur Waldbrandbekämpfung aufgestellt und vorgehalten, so z.B. Waldbrandbekämpfungszug (auch mit mobilen Verbindungsorganen (Krad)), Löschwasserversorgungszug etc. Eine Ausstattung speziell für die Waldbrandbekämpfung in Abhängigkeit vom individuellen Risiko ist dann vorzusehen. Alternative Einsatzmittel (Forst- und Rodungsfahrzeuge, Landwirtschaftsmaschinen (Güllefässer!) sind in Überlegungen einzubeziehen.

Vorbereitete Forstkarten mit Inhalten

- für Einsatzfahrzeuge befahrbare Wald- und Forstwege
- genaue Ortsbezeichnungen

- Forst-Rettungs- und Sammelpunkte
- Möglichkeiten der Löschwasserentnahme

sind unerlässlich und in ausreichender Anzahl vorzuhalten.

5.5.7 Zusammenwirken der Einheiten

Zur Vegetationsbrandbekämpfung gehören nach AAO mindestens die folgenden Einheiten:

- 1 HLF
- 1 TLF

Ersteintreffende Einheit:

Die zuerst am Einsatzort eintreffende Einheit erkundet die Lage und gibt umgehend Rückmeldung, sie versucht die Ausbreitung zu stoppen und ggf. die Brandbekämpfung einzuleiten.

Das HLF dient dabei i.d.R. als Ausgangsfahrzeug, mit dem TLF wird die Wasserversorgung gesichert und ggf. ein Pendelverkehr aufgebaut.

Unterstützungseinheiten:

Folgende Einheiten sind zur Unterstützung vorgeplant bzw. verfügen über spezielle Ausrüstung:

- Wasserförderungseinheit (2 x LF-KatS, 1 SW-KatS)
- Wassertransporteinheit (? x PTLF)
- Geländegängige TLF 3000 (FF A mit geschützten Leitungen eignet sich v.a. zur Bekämpfung auch am Feuersaum von z.B. Getreidefeldern; Standard-TLF 3000 stehen in den FF D, E und G)
- Zusatzbeladungssatz Waldbrand nach DIN 14800-18, Beiblatt 10, J: alle TLF der FF, LF-KatS der FF.

5.6 Sicherheitsregeln

Für jeden Einsatz bei größeren Wald- und Flächenbränden empfehlen sich allgemein gültige Sicherheitsregeln:

- Nur einheitenweise vorgehen
- Maximaler Abstand der Einsatzkräfte in Sichtweite zur nächsten Einsatzkraft

- Je eingesetzter Einheit mindestens ein FuG/HRT
- Signalpfeife für jede Einsatzkraft

Es gibt Situationen, in denen erhöhte Vorsicht gilt:

- Angriff auf einen Feuersaum in einer unübersichtlichen Situation
- Angriff auf einen Feuersaum ohne ausreichende Erkundung
- Frontaler Angriff auf einen schnelllaufenden Feuersaum
- Keine Verbindung zur Einsatzleitung
- Wind kommt plötzlich auf oder wechselt die Richtung (z.B. bei Gewittern)
- Entstehungsbrände durch Flugfeuer und Funkenflug hinter der eigenen Position
- Feuer unterhalb der eigenen Position
- Beginnende Dunkelheit
- Wasserabwürfe durch Löschflugzeuge/Helikopter

Darüber hinaus sind nachfolgende Aspekte zu berücksichtigen:

5.6.1 Beobachtungsposten stellen

An jedem Einsatzabschnitt sollte ein unabhängiger Beobachter stehen, der bei plötzlichen Wetteränderungen (Wind) oder Brandinseln das eingesetzte Personal warnt. Um bei einer Lageänderung auch unter schwierigen Verhältnissen eine schnelle Räumung des gefährdeten Bereichs durchführen zu können, sollte ein eindeutiges Rückzugssignal (z.B. dreimaliges kurzes Drücken der Fahrzeughupe, Pause, Wiederholung, alle Martinhörner an der EST einschalten usw.) vereinbart werden.

5.6.2 Kommunikation sicherstellen

Eine Verbindung zur Einsatzleitung und innerhalb der Einheit ist bei Wald- und Flächenbränden äußerst wichtig. Besteht sie nicht, ist die Gefahr groß, von plötzlichen Lageänderungen überrascht zu werden.

Die Verbindung zwischen den Einheiten bzw. Führungskräften erfolgt auch hier auf Basis der für die Feuerwehr xyz geltenden SER zur Einsatzstellenkommunikation mit einem Führungs- und mehreren Abschnittskanälen bzw. -gruppen!

5.6.3 Flucht-/Rettungsweg sicherstellen

Jeder Einsatzabschnitt muss über einen vorher ausgesuchten Rettungsweg verfügen. Dieser Rettungsweg muss allen Einsatzkräften bekannt sein, sollte möglichst brandlastarm sein und zu einer Sicherheitszone führen.

5.6.4 Sicherheitszone

Eine Sicherheitszone ist ein Bereich, in dem die Einsatzkräfte ohne weitere Schutzmaßnahmen vor einem Feuer in Sicherheit sind und ein Feuersaum die Einsatzkräfte nicht gefährdet. Dies kann eine Straße, nicht bewachsenes Gebiet oder ein Gewässer sein. Notfalls muss dieser durch Entfernen von Vegetation geschaffen werden.

Literatur

@fire (ab 2005): Ausbildungsunterlagen für kommunale Feuerwehren.

@fire (2007): Hinweise für das Verhalten vor, während und nach Waldbränden für Urlauber und Besitzer von Ferienhäusern im europäischen Ausland.

AUSTIN, C. (2008): Wildland firefighter health risks and respiratory protection, in: Studies and Research Projects – R-572, IRSSC, Quebec (Canada).

BESCH, F.; CIMOLINO, U.; OTT, M. (2015): Versorgung im Einsatz, ecomed, Landsberg.

BUNDESVERTEIDIGUNGSMINISTERIUM (ab 2011): Planungen zur und Umsetzung der Neustrukturierung der Bundeswehr.

CIMOLINO, U. (2014): Waldbrandbekämpfung. Dissertation Universität Wuppertal.

CIMOLINO, U. (Hrsg.) (2019a): Einsatzleiter-Handbuch – Feuerwehr. Loseblattwerk mit lfd. Aktualisierungen, ecomed, Landsberg.

CIMOLINO, U. (2019b): EU-Module, Übersetzung in deutsche taktische und technische Begriffe, Düsseldorf.

CIMOLINO, U.; ASCHENBRENNER, D.; LEMBECK, Th.; PANNIER, Ch.; SÜDMERSEN, J. (2011): Atemschutz. Reihe Einsatzpraxis, 5. Auflage, ecomed, Landsberg.

CIMOLINO, U.; BAYER, G.; SCHNEIDER, S.; SCHWEIGGER, A. (2008): Kommunikation im Einsatz. Reihe Einsatzpraxis, 2. Auflage, ecomed, Landsberg.

CIMOLINO, U.; BRÄUTIGAM, A.; DE VRIES, H. (2010): Führung in Großschadenslagen. Reihe Einsatzpraxis, ecomed, Landsberg.

CIMOLINO, U.; DE VRIES, H (2005): Einsatz von Löschgeräten. Reihe Standard-Einsatz-Regeln, ecomed, Landsberg.

CIMOLINO, U.; DE VRIES, H.; GRAEGER, A.; LEMBECK, Th. (2005): Der Zug im Einsatz von Lösch und Rettungsgeräten. Reihe Standard-Einsatz-Regeln, ecomed, Landsberg.

CIMOLINO, U.; GRAEGER, A.; DE VRIES, H. (2003): Standard-Einsatz-Regeln (SER), in: Das große Feuerwehrhandbuch, Loseblattwerk, ecomed, Landsberg; sowie FFZ, 2003, www.standardeinsatzregel.org.

Cimolino, U.; Maushacke, D.; Südmersen, J.; Zawadke, Th. (2015): Vegetationsbrandbekämpfung. Reihe Einsatzpraxis, ecomed, Landsberg.

Cimolino, U.; Weich, A. (2007): Kennzeichnung von Führungskräften, -fahrzeugen und Plätzen. Reihe Standard-Einsatz-Regeln, ecomed, Landsberg.

Cimolino, U.; Zawadke, Th.; de Vries, H.; Kögler, H.; Lang, O.; Ruckerbauer, J. (2005): Einsatzfahrzeuge für Feuerwehr und Rettungsdienst – Fahrzeugtechnik. Reihe Einsatzpraxis, ecomed, Landsberg.

Cimolino, U.; Zawadke, Th.; Kögler, H. (2006): Einsatzfahrzeuge für Feuerwehr und Rettungsdienst – Typen. Reihe Einsatzpraxis, ecomed, Landsberg.

de Vries, H. (2008): Brandbekämpfung mit Wasser und Schaum. Reihe Einsatzpraxis, 3. Auflage, ecomed, Landsberg.

de Vries, H.; Weich, A.; Freynik, W.; Graeger, A.; Cimolino, U. (2004): Wasserförderung über lange Wegstrecke. Reihe Einsatzpraxis, ecomed, Landsberg.

EU (2019): Übersicht über die Module aus dem Gemeinschaftsverfahren, http://pprdeast2.eu/wp-content/uploads/2015/11/Annexes-to-Commission-Implementing-Decision-of-1313-2013.pdf, abgerufen 07.02.2019.

Feuerwehr Goslar (2007): http://www.feuerwehr-goslar.de/index.php/mehrinfos/berichte/historische-einsaetze/653-04071982-groeuer-hahnenberg.

Finis, W. (2007): Einsatztaktik bei der Waldbrandbekämpfung. Florian Hessen 9/2007, Hessisches Innenministerium, Wiesbaden.

Goldammer, J. G. (2011): Feuereinsatz im Naturschutz – Kontrolliertes Brennen zur Förderung der biologischen Vielfalt. Vortrag Flintbek (SH).

Graeger, A. (2019): Wetterseiten. in: Cimolino, U.: Einsatzleiter-Handbuch Feuerwehr. Loseblattwerk mit lfd. Aktualisierung, ecomed, Landsberg.

Graeger, A.; Cimolino, U.; de Vries, H.; Südmersen, J. (2009): Einsatz- und Abschnittsleitung. Reihe Einsatzpraxis, 2. Auflage,ecomed, Landsberg.

Jendsch, W. (2009): Feuerwehr Einsatzfahrzeuge – Waldbrandbekämpfung, Typenkompass. Motorbuch Verlag Stuttgart.

König, H.-C. (2007): Waldbrandschutz. Kompendium für Forst und Feuerwehr. Fachverlag Matthias Grimm.

Lembeck, Th. (2019): Hubschraubereinsatz. in: Cimolino, U.: Einsatzleiter-Handbuch Feuerwehr. Loseblattwerk mit lfd. Aktualisierung, ecomed, Landsberg.

Lex, P. (1996): Bekämpfung von Waldbränden, Moorbränden, Heidebränden. Rotes Heft Nr. 26. Kohlhammer, Stuttgart.

Liebeneiner, E. (1981): Waldbrandberichte. Mitteilungen aus der niedersächsischen Forstverwaltung. Aus dem Walde, Heft 34.

Liebeneiner, E. (1982): Waldbrandfibel. Sonderdruck aus Aus dem Walde, Mitteilungen aus der niedersächsischen Forstverwaltung; http://www.siti.de/material/Waldbrand-Fibel.pdf (abgerufen am 23.2.2019).

Lowe, J. D.(2001): Wildland Firefighting Practices. Delmar, Stamford, USA.

NWCG (2004): Fireline Handbook, Ausgabe März 2004, NIFC, Boise, Idaho.

Ministerium für Umwelt, Raumordnung und Landwirtschaft des Landes Nordrhein-Westfalen (1994): Großbrand eines Kunststofflagers in Lengerich im Oktober 1992 – Dokumentation. Düsseldorf, Juni 1994.

Patzelt, S. (2009): Waldbrandfibel 2009 – Merksätze für jedermann. https://www.feuerwehrverein-hannmuenden.de/index.php/25-news/informationen/62-wichtig-waldbrandfibel-2009-merksaetze-fuer-jedermann (abgerufen am 25.2.2019).

Schläfer, H. (1990): Feuerwehrtaktik. Kohlhammer, Stuttgart.

Stöhr, I. (2005): Einsatzauftrag Brandbekämpfung, BF Ingolstadt; http://www.kfv-muenchen.de/Download/Loeschtaktik_Ingo_stoehr.pdf (abgerufen am 23.2.2019).

Südmersen, J. (2007): Erfahrungen bei der Waldbrandbekämpfung. BRANDSCHUTZ 3/2007, Kohlhammer, Stuttgart.

Südmersen, J. et.al. (2006): Sicherheit und Taktik im Waldbrandeinsatz, Deutscher Feuerwehrverband, Fachempfehlung 1/2006.

Wendel, K. (2019). Gefahrenmatrix (Checkliste). nach Cimolino, U.: Einsatzleiter-Handbuch Feuerwehr. Loseblattwerk mit lfd. Aktualisierung, ecomed, Landsberg.